FTA戦略下の韓国農業

品川 優 著

筑波書房

はしがき

　韓国は，WTO交渉においては日本と同じグループ10に属し，市場・効率性・自由貿易一辺倒によらず，食料安全保障や多面的機能などいわゆる非貿易的関心事項の重要性を説いてきた。ところが，WTOのDDA交渉（ドーハ開発アジェンダ）が進展をみないなか，2000年以降韓国は，WTOに軸足をおいた多国間交渉からFTAによる二国間交渉を中心に据え，2004年の韓チリFTAを皮切りに，アメリカやEUなどの農産物輸出大国ともFTAを締結・発効している。現在も中国とのFTA交渉やTPPへの関心表明など，さらなるFTAの拡大に突き進んでいる。

　これに対し日本では，TPP交渉への参加が取り沙汰された際，上記の韓国の動き，特に韓米FTAを念頭に，財界から「韓国を見習え」「韓国から学べ」といった声が噴出した。この「見習え」「学べ」の中身は，韓国が進めるFTA戦略の次の3点を指していよう。第1はFTAやTPPを積極的に推進すること，第2は国内農業への影響を恐れずに，農産物を含めた包括的な関税引き下げ・撤廃に取り組むこと，第3は国内農業への影響は直接支払いでカバーすること，である。

　ところが，韓国が進めるFTAの詳細についてトレースした報道や研究は必ずしも多くない。特にFTAが国内農業の現場に与える影響や現場からの声，国内農業対策の実態と現場での評価など，現場レベルの実態について記したものはほとんど皆無に等しい。つまり，現場の実態を把握していないにもかかわらず，「見習え」「学べ」と主張しているのが現実である。それは同時に，韓米FTAを根拠にTPP反対を唱える側にもあてはまる。

　そこで本書は，韓国がFTAに邁進する背景とその戦略を考察するとともに，チリ，アメリカ，EUとのFTAを取り上げ，協定の実態とそれによる国内農業への影響や現場の変容，政府が講じる直接支払いなどの国内対策の実態と課題などについて明らかにする。

すなわち，第1章では，経済危機を経験した90年代後半以降の韓国経済の構造，特に貿易依存と格差問題の面からFTA戦略に突き進む背景を探るとともに，FTAによる影響が懸念される韓国農業の現況に加え，韓国政府が取り組む海外農業開発（ランドラッシュ）にも焦点をあて，韓国政府の食料確保，食料安全保障の方針に接近する。なお，軍事・安全保障面からもFTA戦略をみる必要があるが，その多くはアメリカとの関係に規定されるため，軍事・安保については韓米FTAのなかでみていくことにする。

第2章では，韓国が最初に締結し発効したチリとのFTAについて，特に国内農業に影響が生じると予想されたブドウを対象に，ブドウの主産地・農家への影響を明らかにしている。

第3章は，経済大国かつ農産物輸出大国であるアメリカとのFTAに焦点をあて，軍事・安保及び経済の両面から韓米FTAの必要性を探り，非関税障壁を含む韓米FTAの合意内容とその問題点を明らかにしている。さらに，FTAによる影響が懸念される農業を対象に，関税引き下げによるアメリカ産オレンジ及び牛肉の輸入が国内農業に与える影響について，両者の産地である済州道を対象に考察している。

第4章も，巨大経済圏であり農産物輸出大国であるEUとのFTAを対象に，EUとの貿易実績，韓EU FTAの合意内容とその効果試算，発効後2年間の貿易変容の実態などについて考察するとともに，EUの主要輸出農産物である豚肉に焦点をあて，FTAによる豚肉輸入の実態と，大韓韓豚協会でのヒアリング調査をもとに韓豚協会が考える競争力強化によるFTA対応について明らかにしている。

第5章は，直接支払政策を取り上げ，最初の直接支払いである経営移譲直接支払制度からFTA被害補填直接支払制度までの導入背景とその展開を確認しながら，韓国では水田・米を軸とする直接支払いからFTA戦略による国内農業への影響緩和を目的とした直接支払いに舵を切っている実態を明らかにするとともに，FTA対応の直接支払いの検証をおこなっている。

終章では，これまでの考察を整理するとともに，今後の課題を明らかにし

ている。また，最新のFTAの状況として韓豪，韓中，TPPを取り上げ，これらFTAの進捗状況やそのねらいについても取り上げている。

　周知のようにFTAは，農産物を含む商品貿易だけに関する協定ではなく，金融やサービス，投資，知的財産権など非関税障壁を含む幅広い協定であり，農業経済学を専門とする著者がすべてをカバーすることは困難である。だが，近年のFTAは関税障壁よりも非関税障壁を真のねらいとするものも少なくない。そのため農業分野だけではなく，可能な範囲で農業以外の分野，非関税障壁の内容についても取り上げたい。

　本書が，韓国の進めるFTAの実態と農業への影響を知る上において，また日本が交渉しているTPPを考える上において，何かしらのお役に立てれば幸いである。

2014年3月

品川　優

目　次

はしがき ………………………………………………………………………… 3

第1章　韓国の経済構造とFTA戦略 ………………………………………… 9
1．はじめに …… 9
2．IMFコンディショナリティー下の韓国経済 …… 11
3．FTA推進の経済的背景 …… 13
4．韓国のFTA戦略 …… 23
5．韓国の貿易と直接投資 …… 25
6．農業経済と農業構造 …… 34
7．海外農業開発 …… 37

第2章　韓チリFTAと果樹農業への影響 …………………………………… 43
1．はじめに …… 43
2．対チリ貿易の実績―FTA発効前 …… 44
3．FTA協定内容―商品貿易を中心に …… 45
4．韓チリFTAの影響試算と国内支援策 …… 48
5．永川市における果樹農業の実態 …… 53
6．対チリ貿易の実績―FTA発効後 …… 65

第3章　韓米FTAの実像と地域農業への影響 ……………………………… 77
1．はじめに …… 77
2．対米貿易の実績―FTA発効前 …… 79
3．FTA協定内容 …… 82
4．韓米FTAと韓国農業 …… 98
5．韓米FTAによる経済効果試算 …… 104
6．韓米FTA発効後の貿易変化 …… 108

7

7．韓米FTAと地域農業の変容—済州道西帰浦市 …… *118*
　　8．韓米FTA農業対策の実像 …… *131*

第4章　韓EU FTAと国内養豚の対応 …………………………… *137*
　　1．はじめに …… *137*
　　2．対EU貿易の全体像 …… *138*
　　3．FTA協定内容 …… *139*
　　4．韓EU FTAに対する影響分析 …… *146*
　　5．韓EU FTA発効後の変容 …… *152*
　　6．韓EU FTA効果の検証—豚肉を中心に …… *165*

第5章　直接支払制度の展開—水田・米からFTA対応へ …… *175*
　　1．はじめに …… *175*
　　2．直接支払制度の変遷 …… *176*
　　3．FTA被害補填直接支払制度 …… *185*
　　4．畑農業直接支払制度 …… *192*
　　5．FTA対応の直接支払いの検証 …… *194*

終章　総括と課題 ………………………………………………… *201*
　　1．はじめに …… *201*
　　2．貿易面からみたFTAの評価 …… *202*
　　3．国内農業への影響と直接支払い …… *207*
　　4．最新のFTA状況 …… *213*

あとがき ……………………………………………………………… *225*

第1章

韓国の経済構造とFTA戦略

1．はじめに

　1960年代後半からはじまる韓国の経済発展については，例えばアジアの経済発展過程の秩序形成を射程に入れつつ，韓国の高度成長を典型的な圧縮型産業発展と分析した渡辺利夫[1]，1960年代後半の輸出志向型工業化や70年代の重化学工業化を図るための資金的源泉，すなわちアメリカ及び日本資本による外資の継続的流入に注目した金俊行[2]，日本から資本財・部品及び素材などを輸入し，それを韓国国内の低賃金労働力によって組立加工しアメリカに輸出する「アメリカ―日本―韓国という資本主義三重構造システム」に焦点をあてた金泳鎬[3]など，多くの研究がある。
　これらいずれにも共通することは，韓国の高度成長・経済発展は日本及びアメリカとの関係に大きく依存しているということである。実際，韓国の対米及び対日貿易実績をみると，1970年の最大の輸出相手国はアメリカ，2位は日本であり，輸出総額に占める割合はそれぞれ47.3％，28.1％と両国で全体の4分の3に達していた。同様に輸入相手国は順位が入れ替わり，1位日本の40.8％，2位アメリカの29.5％であり，両者で全体の70.3％を占めていた[4]。それ以降，日米の占めるシェアは徐々に下がり，1995年には輸出でアメリカ19.3％，日本13.6％，輸入は日本24.1％，アメリカ22.5％にまで低下している。しかし，輸出入相手国のトップ2はほぼ連続して日米で占めており，アメリカ―日本―韓国の紐帯は，弱まりつつも依然継続してきた。
　ところが，1997年のアジア通貨危機によって韓国経済も危機に陥り，IMFコンディショナリティーのもと，後述する金融・企業・労働・行政という4

つの構造改革が推進されることとなる。現在の韓国の経済構造の礎は，このときにつくられたといっても過言ではない。すなわち，これまでの日米に依存した輸出志向型経済から，佐野孝治が指摘する「財閥主体で，グローバル調達をし，日本からは高付加価値化・核心的な資本財・中間財を輸入し，完成品・中間財を新興国，米国，EU，日本等に輸出する」「グローバル化を志向する成長モデルへの転換」である[5]。事実，韓国の輸出相手国は，いまや日米に代わり中国やEU，ASEANが上位を占めるなどグローバルに多様化している。それをさらにFTAを推進することで後押しし，その結果韓国の貿易依存度は上昇するなど大きく変容している。

このように輸出あるいは貿易依存の経済構造から韓国のFTA推進の必要性が指摘されている[6]。それはのちに再確認するが，輸出・貿易依存の経済構造に加え，労働改革以降生じた労働及び所得の二極化，格差問題の面からも韓国のFTA戦略をみる必要があろう。すなわち，労働改革による非正規労働者の創出は，輸出企業にとって低賃金・低コスト化による国際競争力の強化をもたらすが，国内経済に対しては内需の停滞・後退につながるとともにさらなる輸出依存を強め，労働者（消費者）に対しては低賃金をカバーするために安価な財を輸入する必要があり，その結果貿易依存度がより高まるという構図である。

そこで本章では，経済危機を画期としたIMFコンディショナリティーと構造改革の実態，それにともなう経済構造の変容（輸出依存，格差問題），2000年代に入って邁進する韓国のFTA戦略とその背景，FTAにより大きな影響が危惧される韓国農業の構造及び2000年代後半から政府が進める海外農業開発，すなわち韓国法人による海外での農業生産を通じた食料確保と韓国政府のねらいについてみていく。なお，経済危機前後から現在までを対象期間とするが，FTAに邁進する韓国経済の背景を析出するため，最初のFTA発効前（2003年）までとそれ以降に分けてみることにする。

2．IMFコンディショナリティー下の韓国経済

　韓国政府は，経済危機に直面するに及び，IMFに緊急融資を要請し総額583億ドルの融資を受けることとなった。その融資条件（IMFコンディショナリティー）として，大きく3つの条件，すなわちマクロ経済の安定化，自由化（資本・金融・企業・労働等），民営化（公企業）が課せられた。こうした難しい舵取りのなか船出したのが金大中政権である（1998年）。金大中政権は，IMFコンディショナリティーをクリアするために，金融・企業・労働・行政という4つの構造改革を推進した。

　まず金融改革では，すべての銀行にBIS規制の遵守というグローバル・スタンダードの義務を課すとともに，不良債権処理のために64兆ウォンという巨額の公的資金を注入し，銀行26行のうち5行が退出，9行が合併するなど強力な再編が進められた。この再編は，銀行経営への外資参入をIMFが求めていたこともあり，外資によるものも少なくない。主要銀行の外国人株式保有率をみると（2012年1月末），国民銀行64.1％，外換銀行71.1％，新韓銀行61.1％など軒並み6割を超えており（「韓国Daum証券ホームページ」），この高い保有率は金融改革以降も続いている。こうした金融改革の実態は，証券分野や保険分野などにおいても同様である。

　企業改革では，経済危機以前の韓国経済は，財閥を中心に主要事業への投資拡大に加え，事業の多角化・拡張といった二重の過剰投資の状況であったが，それを解消するために5大財閥間の大規模事業交換，いわゆる「ビッグ・ディール」を進めてきた。例えば，LGが展開する半導体事業は，現代に株式をすべて売却し撤退することで，半導体事業は三星電子と現代の2社体制に再編・集約している。

　また，5大財閥や大規模事業だけではなく，それ以外の財閥・企業・事業に対しても，1998年に外国人にすべての企業買収（M&A）を認めるとともに，外国人直接投資開放業種の拡大や外国人株式投資限度の完全撤廃など外資を

11

表 1-1　韓国の労働実態

(単位：万人，％)

	合計	自営業者	常勤	一時的・日雇い	失業者
1995年	2,041.4	556.9	749.9	540.0	43.0 (2.1)
96	2,085.3	571.0	749.9	570.1	43.5 (2.0)
97	2,121.4	590.1	728.2	612.2	56.8 (2.6)
98	1,993.8	561.6	653.4	576.2	149.0 (7.0)
99	2,029.1	570.3	613.5	652.9	137.4 (6.3)
2000	2,115.6	586.4	639.5	696.5	91.3 (4.1)
01	2,157.2	605.1	671.4	694.4	84.5 (3.8)
02	2,216.9	619.0	686.2	731.9	70.8 (3.1)
03	2,213.9	604.3	726.9	713.4	81.8 (3.6)

資料：『韓国統計年鑑』（各年版）より作成。
注：（　）内の数値は，失業率をあらわしている。

通じた収益性の悪い企業の退出・縮小・合併・売却などの企業整理がおこなわれた[7]。主要企業の外国人株式保有率をみると（2012年1月末），三星電子50.6％，現代自動車42.8％，SKテレコム41.5％など4～5割の水準を占めている（「韓国Daum証券ホームページ」）。

　労働改革では，整理解雇制の導入と労働者派遣の規制緩和がおこなわれ，労働市場の弾力化が図られた。その結果，**表1-1**に示すように，失業者数は1995～96年は43万人，経済危機の年である97年も57万人であった。しかし，翌98年には2.6倍の149万人と最高を記録し，2000年になって100万人を割り，以降70万～80万人で推移している。失業率も97年までは2％台であったが，98年に7.0％へ急上昇したのち，2000年代前半は3％台で推移している。

　このように失業率は3％台と比較的落ち着いているが，この間労働形態は大きく変容している。常勤労働者は，1995年の750万人が99年には最低の614万人となり，2003年にようやく700万人台を回復している。他方，一時的・日雇い労働者は1995年では540万人であった。だが，97年にはじめて600万人を突破し，2002年には700万人台に突入している。また，表から分かるように韓国の特徴は，自営業者が全体の3割弱を占めていることである。そうし

たこともあり1999～2002年の間は，常勤労働者よりも数十万人ほど一時的・日雇い労働者の方が多い時期を経験している。2003年でみても，常勤と一時的・日雇い労働者数は拮抗しており，全体の3分の1ずつを占めている。これは，常勤労働者の削減・リストラと一時的・日雇い労働者の創出が，労働改革によってもたらされたとみることができよう。

3．FTA推進の経済的背景

(1) 貿易依存の経済構造

　以上の金大中政権下で進められた構造改革――自由化や規制緩和，市場開放とグローバル・スタンダードにより，韓国のマクロ経済がどのように変容したのかを示したのが図1-1である。図は，経済危機前の1995年の主要指標，すなわちGDP（名目）398.8兆ウォン，政府最終消費支出44.7兆ウォン，民間最終消費支出208.5兆ウォン，総固定資本形成148.8兆ウォン，輸出96.5兆ウォン，輸入104.2兆ウォンをそれぞれ100としたときの推移を示している。まずは，2003年までをみていくことにする。

　GDPは，経済危機が生じた1997年から98年にかけてわずかに低下したが，その後すぐに回復し，以降2003年の192.3まで上昇している。民間最終消費支出は，経済危機により97年の122.3から98年の116.5へ減少している。その後，GDPとほぼ同じ水準で張り付くように推移し，03年には201.5と95年水準の2倍に増加している。政府最終消費支出は，IMFコンディショナリティーの緊縮財政がとられたこともあり，2000年までほぼ横ばいの状態が続いていたが，IMFからの融資を完済した翌02年に203.5と200を超えている。企業の設備投資や住宅などを示す総固定資本形成は低調に推移し，先述した二重の過剰投資の解消と企業の整理統合が強烈に進められた98～01年までは100を切る状況が続いている。

　貿易に目を転じると，輸出は経済危機の翌年の1998年に192.2へ急増し，2000年には95年の2倍を超える202.0，03年は239.4を記録している。この輸

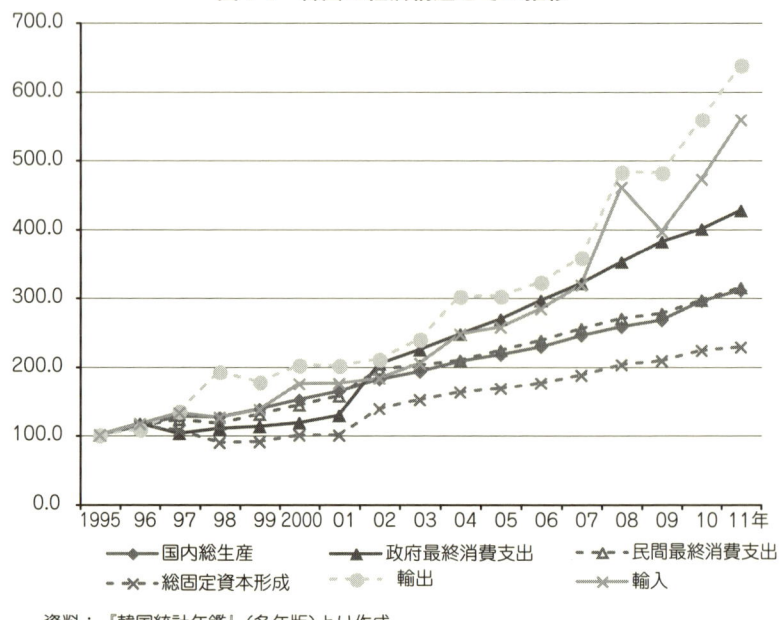

図 1-1　韓国の経済構造とその推移

資料：『韓国統計年鑑』(各年版)より作成。
注：輸出・輸入は，各年の為替レートを乗じてウォン表記にしている。

出急増の要因の1つは，経済危機によるウォン安であり，97年の1ドル951ウォンが98年には1,401ウォンへ急落し，その後も1,200ウォン前後で推移している。他方，輸入は経済危機による内需の減少のため1997年の134.3から98年の125.4へ減少したが，99年には174.2へ大きく回復し，2003年には204.5と200を超えている。

さらに，GDPに対する輸出入の割合である貿易依存度をみると(**図1-2**)，1995年は輸出24.2・輸入26.1と輸入の方が大きく，貿易依存度は50.3とGDPの半分を占めている。それが98年には，経済危機によるウォン安と国内需要の減退によって，輸出37.0・輸入26.1と輸出が上回り，貿易依存度も63.1と60を超えている。それ以降，輸出が輸入を上回る状態がつづき，貿易依存度は2003年の57.9までほぼ50台後半を記録している。

ところで，FTA発効後の2004年以降における上記の動きを確認すると，

第1章 韓国の経済構造とFTA戦略

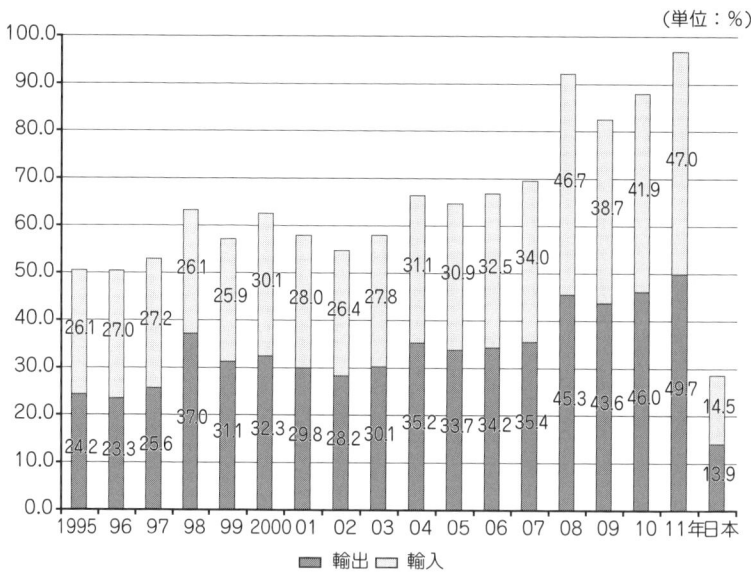

図1-2 韓国の貿易依存度の推移

資料:『韓国統計年鑑』(各年版)より作成。
注:日本の数値は2011年のものである。

GDPは04年に200を超え、以降順調に増加し、11年には310.2と95年水準の3倍に達している。民間最終消費支出は、03年までと同じくGDPとほぼパラレルに推移している。また、総固定資本形成は緩やかに上昇して11年に228.1となり、政府最終消費支出も増加し11年には426.3と400を超えている。他方、輸出及び輸入は04年以降、特に08年から急激に伸び、11年には輸出638.0、輸入557.7と95年の5～6倍増加している。その結果、貿易依存度も08年に92.0に、09・10年も80台で推移し、11年には最高の96.7を記録している。このうち輸出が49.7とGDPの半分に相当する。

なお参考として、図中には2011年の日本の貿易依存度も表記している。日本の場合、輸出・輸入ともに10％代前半と韓国に比べ小さく、貿易依存度も28.4と韓国の3分の1程度でしかない。日本は貿易立国といわれるが、その実像は内需依存型の経済構造であることが分かると同時に、韓国こそ貿易に

15

よる経済発展を享受してきた貿易立国ということが改めて確認できよう。

　いずれにせよ，経済危機以降2003年までの韓国経済の動きに限定すると，輸出が韓国の経済成長を大きく支えてきたといえる。IMFからの融資とコンディショナリティーの達成を突きつけられるなか，経済危機からの脱出と経済成長の実現を大きく支えてきた輸出依存の構造，それ故の輸出への期待がFTA戦略に邁進していく韓国の経済的要因の1つである。そして，輸出企業の国際競争力の強化に寄与したのが労働改革，すなわち非正規労働者化を通じた低賃金構造である。

（2）格差問題

　労働改革により一時的・日雇い労働者が増加したことは先に記した。このような実態を受け，2002年7月に労使委員会が非正規労働者の定義を定めている。つまり，韓国政府としても非正規労働者の存在とそれによる格差問題に注目しはじめたということであり，05年前後から非正規労働者を対象とした統計資料も少しずつ整備されている。

　正規及び非正規労働者数をみると，2003年の賃金労働者1,440万人のうち正規労働者は971万人（全体の67.4％），非正規労働者は470万人（同32.6％）と，3分の1が非正規労働者である。04年には賃金労働者自体が増えるなか，非正規労働者も500万人を超える551万人となり，そのシェアも37.0％に高まっている。それ以降500万人台がつづき，12年は賃金労働者1,771万人，正規労働者1,181万人（66.7％），非正規労働者590万人（33.3％）となっている。つまりこの間，賃金労働者は増加しているが非正規労働者も590万人にまで増え，依然3人に1人が非正規労働者であるという実態は変わっておらず，賃金労働者の増加が非正規労働者のシェアを下げるには至っていない。

　非正規労働者を年齢別にみたのが図1-3である。この原データは，各年とも8月の時点で公表するため，上記の非正規労働者総数と若干のズレがある。2005年では30代が137.1万人と最も多く全体の25.0％を占めている。次に多いのが40代の136.4万人・24.9％，20代の123.7万人・22.6％とつづく。この3階

図1-3 年齢別にみた非正規労働者数の推移

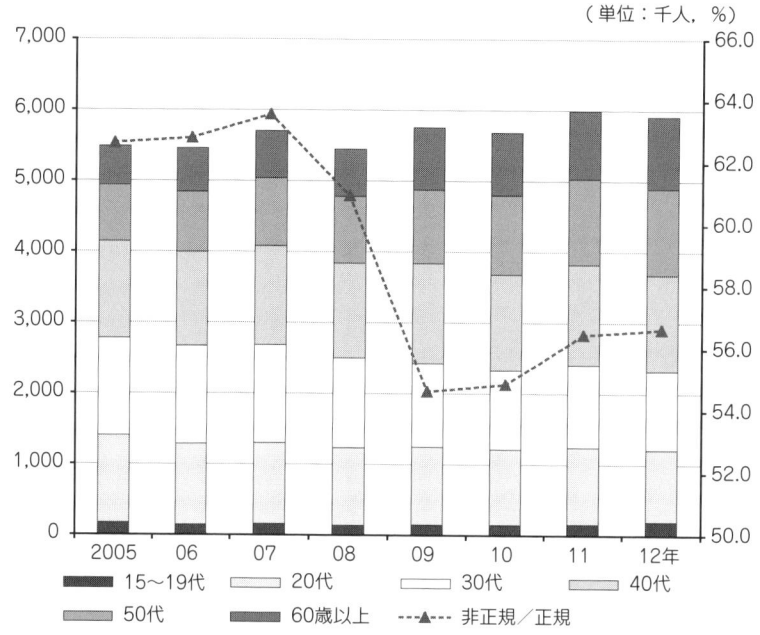

資料：統計庁「勤労形態別及び非賃金勤労賦課調査結果」(各年版) より作成。
注：「非正規／正規」は，それぞれの月給を除したものである。

層で全体の72.4％を占めており，青壮年層に非正規労働者が集中していることが分かる。その後07年以降は40代が最も多い階層に，09年までは30代が2番目に多い階層となり，両者で全体の半分ほどを占めている。10年からは50代が30代よりも多い階層となり，13年は40代22.2％，50代21.7％，30代17.9％，20代17.3％とつづく。つまりこの間，青壮年層が非正規労働者のまま年齢階層を上方に移動していったといえ，非正規労働者の全階層への広がりが確認できる。

他方，年齢ごとに経済活動人口に占める非正規労働者の割合（以下「非正規労働者率[8]」）をみると（表略），15～19歳の非正規労働者率は2005年で60.8％と，どの階層よりも最も高い。その後09年に70％台となり，12年には

77.1％まで上昇しており，学歴重視の韓国社会では高校卒業以下の学歴で正規労働者になることが難しいことを示している。05年において非正規労働者率が2番目に高いのは，20代の27.1％である。それ以降も概ね26～27％と大きな変動はみられず，12年のそれも26.0％である。その他30代以上の05年の非正規労働者率は，いずれも22％前後と拮抗している。ところが，このうち60歳以上が09年に3割を突破して20代を追い抜き，2番目に非正規労働者率の高い層となり，12年も31.9％と3割を超えている。

以上のことから絶対数でみると，非正規労働者全体に占める20代のウェイトは低下し，40代・50代にシフトしているが，各年齢層における非正規労働者率をみると，20代以下の青年層の多くが非正規労働者として働いている実態をみることができる。それに加え，非正規労働者数の少ない60歳以上も，同層のなかでみれば近年非正規労働者率が高まっており，高齢者の非正規労働者化も新たな問題として注目する必要がある。

さらに図1-3には，非正規労働者の賃金水準も記している。正規労働者の賃金に対する非正規労働者の賃金の割合をみると（月額平均），2005年の非正規労働者の賃金水準は正規労働者の62.6％と4割低い水準であった。それが09年に54.6％へ大きく落ちて以降55％前後で推移し，12年も56.6％である[9]。また，非正規労働者の平均勤続期間をみると（表略），05年は2年ちょうどであり，10年までほぼ2年前後で推移していた。ところが11年以降勤続期間が緩やかに上昇し，13年には2年6カ月になるなど，勤続期間の面でも非正規労働者の継続・固定化が進んでいる。

ところで青壮年層に関しては，非正規労働者化だけではなく失業問題も深刻である。1995～2003年までの全体の失業者数及び失業率については表1-1に記したので，図1-4は各年の失業者数を100としたときの年齢構成を示している。

まずはFTA発効前の2003年までをみると，20代の失業者全体に占める割合が高く，1995～97年までは約半分が20代の失業者であった。98～01年までは3割台に低下するが，02年42.4％，03年44.0％と4割台に戻っている。次

図 1-4　年齢別にみた失業者の推移

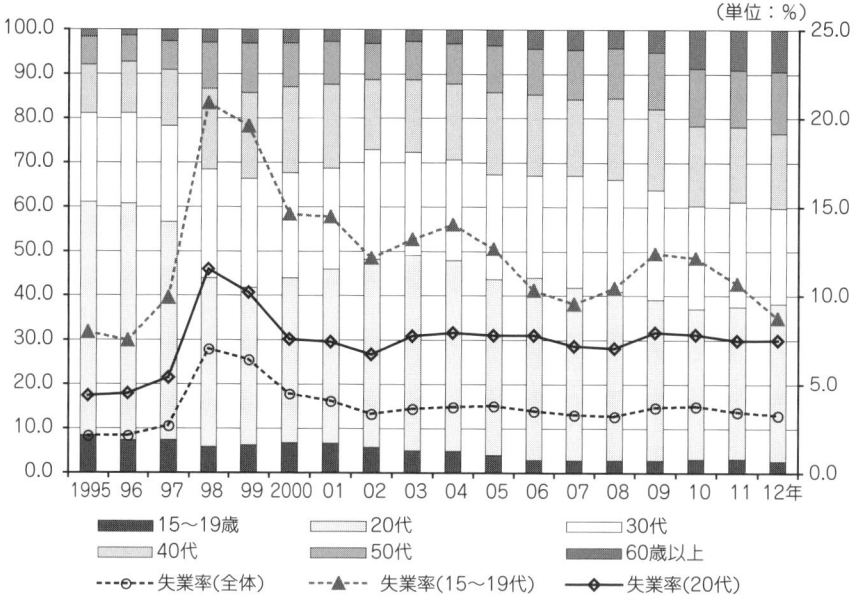

資料：『経済活動人口年報』（各年版）より作成。

に多い年齢層の30代は20％台がつづき，03年で23.2％を占めている。その他40代は10％台，残りの年齢層は10％未満である。また図中には，平均失業率とともに平均失業率を唯一上回る15～19歳及び20代の失業率も記している。97年の経済危機以降，平均失業率は4～7％と高い期間を経験しているが，その間15～19歳では最高で20.8％（98年），20代も11.4％（同）と突出している。このように03年までは，20代や30代を中心に失業が生じていたといえる。

　2004年以降では，04年の失業者数85.9万人に対し20代は43.0％と依然4割を占め，08年頃まで20代が4割前後を占めていた。それが12年には，失業者数82.0万人のうち20代が35.5％と若干低下しているが，失業者の最も多い年齢層という点では同じである。次に多いのが30代であり，依然20％台を記録し12年は21.6％を占めている。この間，40代に加え50代も10％台となり，残りの年齢層は一桁台である。したがって，時間の経過とともに失業者が上位階層に移動したことで，上位階層のシェアが高まっているといえよう。失業

率は，04年以降3％台がつづいているが，15～19歳はほぼ一貫して10％台，20代は7％台の失業率を記録している。なお07年以降，30代の失業率が平均失業率と同じになるなど，近年30代の失業率上昇が確認できる。

　先にみた非正規労働者率と上記の失業率を合わせると，15～19歳では2005年73.4％，12年では85.8％に達し，ほとんどが正規労働者になれていない状況である。同様に20代は05年34.8％，12年33.5％となり，正規労働者として働くことができるのは3分の2に限られる。したがって，両年齢層に非正規労働及び失業のしわ寄せが集中するとともに，これらのなかでも正規労働者になれるものと非正規労働者に甘んじるものとの二極化が生まれている。

　さらに，正規労働者のなかでも二極化が進んでいる。データの制約上，正規労働者のみの所得分布をみることができないこと，また最近のデータでしか把握できないといった制約があるが，2010年の正規・非正規労働者を含むすべての世帯を対象とした平均可処分所得は3,047万ウォンである。これを全世帯を5等分した5分位階級別にみると，最も低い1分位は572万ウォン，2分位1,480万ウォン，3分位2,434万ウォン，4分位3,686万ウォン，5分位7,063万ウォンである。平均可処分所得と比較すると，1分位は平均可処分所得の18.8％の水準でしかない。先述した非正規労働者率を考慮すると，非正規労働者の大部分がここに属するものと推測される。同じく2分位では平均可処分所得の48.6％，3分位も79.9％に過ぎない。つまり，全世帯の60％が平均可処分所得を下回る水準でしかなく，ここには非正規労働者だけではなく正規労働者も含まれよう。これに対し最も高い5分位は，平均可処分所得の2.3倍に達し，1分位の12.3倍，2分位の4.8倍，3分位の2.9倍の可処分所得である。こうした格差は12年でも継続して確認でき，正規労働者のなかでも所得の二極化が進んでいることがみてとれる。

　以上のように正規と非正規労働者との二極化，正規労働者内での二極化という二重の格差が生まれるなかで，近年大きな問題としてクローズアップされているのが低所得をカバーするための負債の増加である。図1-5から家計部門の負債総額をみると，2005年は645.2兆ウォンと国家予算の3.9倍に相当

第1章　韓国の経済構造とFTA戦略

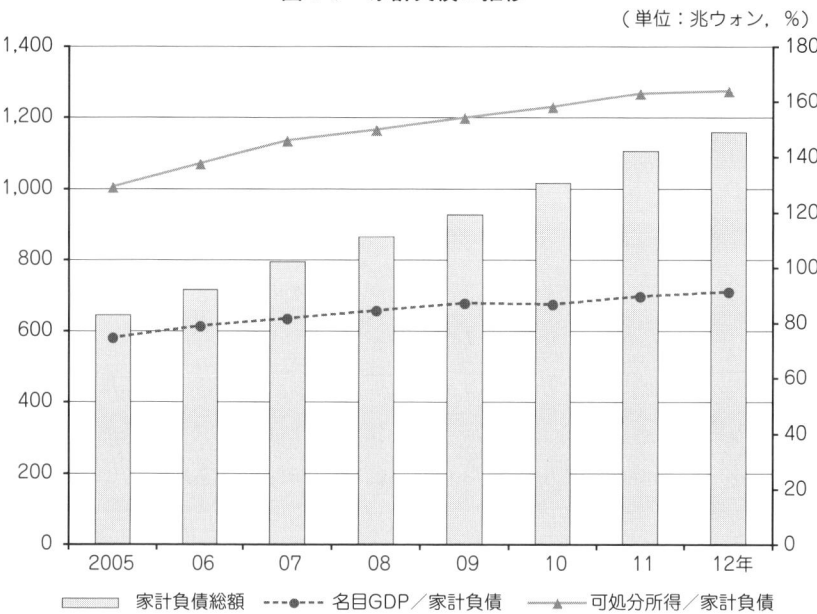

図1-5　家計負債の推移

（単位：兆ウォン，％）

資料：シン・ドンジン『家計負債の現況及び対応方案』（国会予算財政処，2013年）より作成。

する負債を抱えている。その後も負債額は増加しつづけ，10年にはじめて1,000兆ウォンを突破し，12年には1,158.8兆ウォンと過去最高を記録している。家計負債総額の位置を確認するために，図中には名目GDP及び可処分所得に対する家計負債総額の割合も示している。前者は05年で74.6％を占め，07年に8割を超え12年には91.1％に達している。後者は05年ですでに129.1％と可処分所得を3割超える水準の負債を抱えており，それが09年に150％を突破し，12年には163.8％となっている。

また所得5分位に区分して，1世帯当たりの可処分所得に対する家計負債額の割合をみると，2010年の平均2.23に対し所得の最も低い1分位は7.27，2分位2.73，3分位2.18，4分位1.85，5分位2.20となる。同様に11年では平均2.21に対し1分位9.02，2分位3.14，3分位2.27，4分位2.05，5分位1.95である[10]。したがって，所得階層40％以下にあたる2分位までは，平均を

21

上回る家計負債を抱えている。なかでも1分位では，可処分所得の7〜9倍の家計負債を抱えるなど低所得者ほど負債（住居費や生活費，教育費，借金返済のための借金など）に依存している姿が確認できる。

　このように，IMFコンディショナリティー以降進められた労働改革による非正規労働者の増加，とりわけ青年層の非正規労働者率と失業率の高さが顕著であるとともに，近年は高齢者を含む全年齢層にも非正規労働が広がりつつある。非正規労働者の賃金も正規労働者の5割強の水準に低下するなど正規労働者と非正規労働者の二極化とその深化が確認できる。さらに近年の所得5分位に分けた可処分所得の格差及び家計負債状況からは，非正規労働者に限らず正規労働者のなかでも二極化が生まれるなど，二重の格差が生じている。労働改革を通じた二重の格差は，韓国経済を牽引する輸出企業にとっては低賃金・低コスト化をもたらし，輸出相手国の市場をめぐる国際競争力の強化に結び付く。換言すると，二重の格差が韓国の輸出依存を支えているともいえる。また国内経済に対しては，二重の格差は内需の停滞をもたらし，そのことがさらなる海外市場への依存と二重の格差を強めることになる。事実，**図1-1**で記したように民間最終消費支出の伸びは，輸出入や政府最終消費支出の増加を下回るとともに，特にFTA発効後においてはこれらとの開きが大きくなるなど内需の脆弱さと輸出への依存が強まっていた。他方，労働者（消費者）にとっては，非正規労働者化や失業，所得の二極化が進むなか，家計負債と**図1-1**の輸入増加が示す安価な輸入財への依存により低所得をカバーせざるを得ず，そのことが輸出に限らず輸入も含めた貿易依存度の高まりとなってあらわれていた。

（3）**国際環境の変容**

　さらに，韓国のFTA戦略を急速に後押ししたのが，国際貿易を巡る大きな環境の変化である。当初，韓国の自由貿易に対するスタンスは，WTOを中心とする多国体制を支持し，地域主義的様相をみせるFTAに対しては否定的な態度を示していた。しかし，WTOのDDA交渉（ドーハ開発アジェン

ダ）が進展せず，WTOが一種の機能不全に陥るなか，2000年代に入りWTOに代わってFTAが，アメリカやEUなどの先進諸国を中心に急速に締結されることとなった。世界全体のFTA件数をみると，1994年までは累積で34件のFTAを締結していたが，99年には66件に増え，2004年までにはさらに51件増加の117件にまで拡大している。

世界的なFTAの進展とそれが今後の自由貿易の主流となることが予想されるなか，韓国ではFTA先行国による既存市場の囲い込みとそれによる海外市場への輸出機会の喪失といった危機感も生まれ，FTAの交渉・締結を加速化する方向に舵を切ることとなった。

4．韓国のFTA戦略

2003年に韓国政府は，今後のFTA戦略の方向性，対象国，対象分野，時間軸などを記した「FTAロードマップ」を策定している。

FTA戦略の基本スタンスは，第1に，同時多発的にFTAを推進していくことである。しかし，そこには一定の段階があり，短期的には日本やシンガポール，ASEAN，メキシコ，カナダ，インドなどとFTA交渉を進めていき，アメリカ，EU，中国などの巨大経済圏とは中・長期的視点で推し進めるという時間軸を設定している。

第2に，「多発的」のなかには巨大経済圏だけではなく，インドや中国など新興国も含んでおり，多様な国々とのFTA，あるいは韓国をフィルターに巨大経済圏へと通ずる，いわゆる「FTAハブ化」を視野に入れた戦略を打ち出している。

第3に，巨大経済圏を含む多様な国家間によるFTAハブ化の追求は，同時に対象分野の多様化をともなう。そのため韓国政府は，商品分野では特にセンシティブな分野にあたる農産物に加え，サービスや投資，知的財産権，政府調達，紛争解決などの非関税障壁を含む包括的推進を目標としている。

こうした基本的スタンスにもとづき，まずは日本とFTA交渉を開始したが，

図 1-6　韓国との FTA 締結国

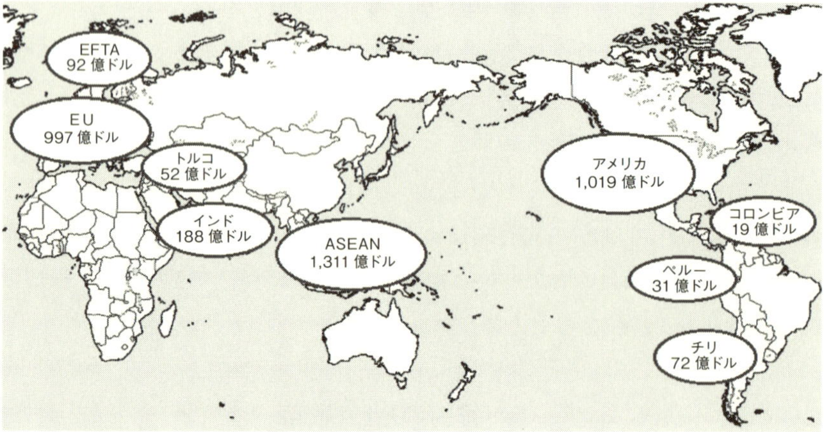

EFTA 92億ドル
EU 997億ドル
トルコ 52億ドル
インド 188億ドル
ASEAN 1,311億ドル
アメリカ 1,019億ドル
コロンビア 19億ドル
ペルー 31億ドル
チリ 72億ドル

資料：『貿易統計年報』（2012年）より作成。
注：数値は，2012年の韓国との貿易額を示している。

日本側の条件を受け入れるだけのメリットが得られないとの判断から04年に中断している。結局，最初にFTAを締結したのは，国内産業への影響が極めて小さいチリである。その後，シンガポール，EFTA（欧州自由貿易連合），ASEAN，インド，アメリカ，EU，ペルー，トルコの9カ国・地域と発効，コロンビアとは正式署名が済んでおり（**図1-6**），2012年のこれらのFTA比率（貿易総額に占めるFTA締結国の割合）は57.9％に達する。ちなみに日本は韓国を上回る11カ国・地域とFTAを合意・発効しているが，FTA比率は16.5％と韓国の3分の1以下である（外務省「EPA・FTAパンフレット」2011年）。その他に韓国は，オーストラリア，カナダ，メキシコ，ニュージーランド，中国，日本などとのFTA交渉を進めている。このうちオーストラリアとは2013年12月に，カナダとは14年3月にFTA交渉を妥結するとともに，新たにTPPへの関心も表明している。これらについては，終章で触れることにする。

そこで次に，日本よりも積極的にFTAを進めている韓国の貿易実績，主要相手国及び主要品目の位置について確認する。

第1章　韓国の経済構造とFTA戦略

5．韓国の貿易と直接投資

（1）貿易実績

　表1-2は，韓国の貿易実績を示したものである。まず2000〜03年に限定してみると，輸出は2000年に1,723億ドルで，01・02年はそれを下回るが，03年には1,938億ドルに増えている。国・地域別では，2000年にはアメリカが最も多い376億ドルと，全体の21.8％を占めている。以下，EU234億ドル（14.4％）[11]，日本205億ドル（11.9％）とつづき，表中の4カ国・地域で約6割に達する。01・02年も依然アメリカが20％を占め1位の座にある。しかし，この間中国が3位に上昇し，ついに03年には351億ドル・18.1％と最大の輸出相手国となり，アメリカは2位（17.7％）に転落している。他方，EUのシェアはほぼ横ばい状態で推移しているが，日本は10％を割り8.9％に低下している。このように国・地域間でのシェアの変容はみられるが，これら4カ国・地域で占める割合は依然6割程度と，2000年と大きな変化はみられない。

　2004年以降の動きをみると，全体では09年を除き概ね増加し，12年には5,479億ドルと03年の2.8倍に増えている。国別では，アメリカは輸出額を増

表1-2　韓国における国別貿易実績

（単位：億ドル）

	輸出					輸入					貿易収支				
	総計	アメリカ	日本	EU	中国	総計	アメリカ	日本	EU	中国	総計	アメリカ	日本	EU	中国
2000年	1,723	376	205	234	185	1,605	292	318	158	128	118	84	-114	76	57
01	1,504	312	165	196	182	1,411	224	266	149	133	93	88	-101	47	49
02	1,625	328	151	217	238	1,521	230	299	171	174	103	98	-147	46	64
03	1,938	342	173	249	351	1,788	248	363	194	219	150	94	-190	55	132
04	2,538	429	217	378	498	2,245	288	461	242	296	294	141	-244	136	202
05	2,844	413	240	437	619	2,612	306	484	273	387	232	108	-244	164	233
06	3,255	432	265	492	695	3,094	337	519	302	486	161	95	-254	191	209
07	3,715	458	264	560	820	3,568	372	563	368	630	146	86	-299	192	190
08	4,220	464	283	584	914	4,353	384	610	400	769	-133	80	-327	184	145
09	3,636	376	218	466	867	3,231	290	494	322	542	405	86	-277	144	325
10	4,664	498	282	535	1,168	4,252	404	643	387	716	412	94	-361	148	453
11	5,552	562	397	557	1,342	5,244	446	683	474	864	308	116	-286	83	478
12	5,479	585	388	494	1,343	5,196	434	644	504	808	283	151	-256	-10	535

資料：『貿易統計年報』（各年版）より作成。

表1-3　韓国の輸出上位10品目（2003年）

（単位：億ドル，％）

順位	品目番号	品目名	金額	シェア
1	8703	乗用車	175.4	9.0
2	8542	集積回路	154.7	8.0
3	8525	送信機器	148.1	7.6
4	8901	船舶	103.0	5.3
5	8471	データ処理機械	93.5	4.8
6	8473	データ処理機械部品	83.2	4.3
7	2710	石油及び歴青油(原油を除く)	64.4	3.3
8	8529	通信機器部品	50.9	2.6
9	8708	自動車部品	36.9	1.9
10	8528	モニター・プロジェクター	29.7	1.5
		総計	1,938.2	100.0

資料：『貿易統計年報』（2003年）より作成。

やしているが，全体に占めるシェアは緩やかに低下し，12年には585億ドル・10.7％まで低下している。他方，その対極に位置するのが中国である。輸出額は急増し，10年に1,000億ドルを突破し，12年には1,343億ドル，全体に占める割合も24.5％と4分の1を占めるに至っている。EUは，12年で494億ドル・9.0％，同じく日本は388億ドル・7.1％とそのシェアを低下させている。

ところで，韓国の2003年における輸出品目についてみたのが**表1-3**である。輸出額が最も多いのが乗用車の175.4億ドルで，輸出全体の9.0％を占めている。100億ドルを超えるのが上位4品目であり，これらで3割を占めている。表から分かるように，上位10品目の多くが製造業であり，10品目で48.5％を占めている。

他方，輸入をみると（**表1-2**），2000年の1,605億ドル以降減少するが，03年には1,788億ドルに増加している。国・地域別では，2000年は日本が最も多い318億ドル（19.8％）を占め，次にアメリカ292億ドル（18.2％），EU158億ドル（10.1％），中国128億ドル（8.0％）とつづき，これらで全体の55.9％を占めている。日本のシェアは03年まで2割前後と変化はなく，最大の輸入相手国の地位を維持している。アメリカも03年まで2位であったが，そのシ

表1-4 韓国の輸入上位10品目（2003年）

（単位：億ドル，％）

順位	品目番号	品目名	金額	シェア
1	2709	石油及び歴青油(原油のみ)	230.8	12.9
2	8542	集積回路	185.4	10.4
3	2711	石油ガス	64.7	3.6
4	2710	石油及び歴青油(原油除く)	58.7	3.3
5	8471	データ処理機械	31.8	1.8
6	8479	機械類	31.5	1.8
7	7108	金	28.7	1.6
8	2701	石炭及び練炭	24.9	1.4
9	8541	半導体デバイス	20.7	1.2
10	7208	鉄	20.2	1.1
		総計	1,788.3	100.0

資料：『貿易統計年報』（2003年）より作成。

ェアを13.9％まで低下させると同時に中国が3位に台頭し，日本を除く3カ国・地域のシェアがほぼ拮抗している。

　2004年以降の輸入額は，11年に5,000億ドルを突破し，12年の5,196億ドルは03年の2.9倍に相当する。国別にみると，輸入額の最も多い日本のシェアが05年には2割を切り，07年には中国に追い抜かれ，12年には12.4％（644億ドル）まで低下している。中国は，06年以降16～17％で推移し，12年で808億ドル・15.5％と第1位のシェアを占めている。EUは1割前後のシェアで推移し，アメリカは08年に1割を切り，12年で8.3％にまで低下している。

　輸出同様に，2003年における輸入の上位10品目をみると（表1-4），原油及び集積回路のみ100億ドルを超え，両者で輸入総額の23.3％を占めている。5位以下のシェアはいずれも1％台と小さく，上位10品目で全体の39.0％に達する。品目としては，鉱物や資源及び製造業の中間財などが中心である。

　なお，上位10品目に農産物は出てこないが，2003年の農産物輸入額は39.3億ドルである[12]。品目別では，第1位がトウモロコシの10.5億ドルで，輸入先は中国が86.7％を占めている。第2位は牛肉の9.5億ドルであり，そのうちアメリカが7.3億ドルを占め，第3位は小麦・メスリンの6.1億ドルで，同

じくアメリカが2.6億ドルと最も多い。

　最後に貿易収支をみると（**表1-2**），2000年は118億ドルの黒字であるが，01年には93億ドルと100億ドルを下回っている。その後，輸出の回復とともに貿易黒字も増え，03年には150億ドルに達している。先にみた主要相手国である4カ国・地域でみると，2000年ではアメリカが84億ドルと最も多く，次にEUの76億ドルと続くのに対し，日本だけが114億ドルと全体の貿易黒字額に匹敵する大幅な赤字を記録している。その後，貿易黒字は，中国が2倍以上に急増して03年で132億ドルの第1位となり，またアメリカも90億ドル台へ突入し，安定した黒字相手国の地位を維持している。その一方で，日本の貿易赤字は03年に190億ドルを計上し，依然日本に対してのみ巨額の貿易赤字を抱える構造が続いている。

　2004年以降では，04年に貿易黒字が200億ドルを突破し，08年のみリーマン・ショックの影響で133億ドルの赤字となるが，09年以降概ね300億〜400億ドルの黒字を計上している。最大の黒字相手国は依然中国であり，特に12年ははじめて500億ドル台の黒字を記録している。それに対し日本は，依然250億〜300億ドルの大幅な赤字である。

（2）サービス・所得収支

　サービス収支と所得収支の推移をみたのが**図1-7**であり，図中には先述した貿易収支も記している。サービス収支は1998年のみ10.2億ドルの黒字を計上したが，それ以外はいずれも赤字であり，特に02年には82.0億ドル，03年も76.1億ドルという大幅な赤字を記録している。その内訳をみると，近年の傾向として運輸サービスの黒字（03年35億ドル）に対し，旅行支出の増加にともなう旅行サービスの赤字（同47億ドル）や後述する対外直接投資の増加にともなうコンサルタント料などの事業サービスの赤字（同45億ドル），特許権料等使用料の赤字（同23億ドル）が顕著であり，それがサービス収支の赤字を引き起こしている。

　所得収支も2001年まで赤字傾向にあり，1998・99年には50億ドル台の赤字

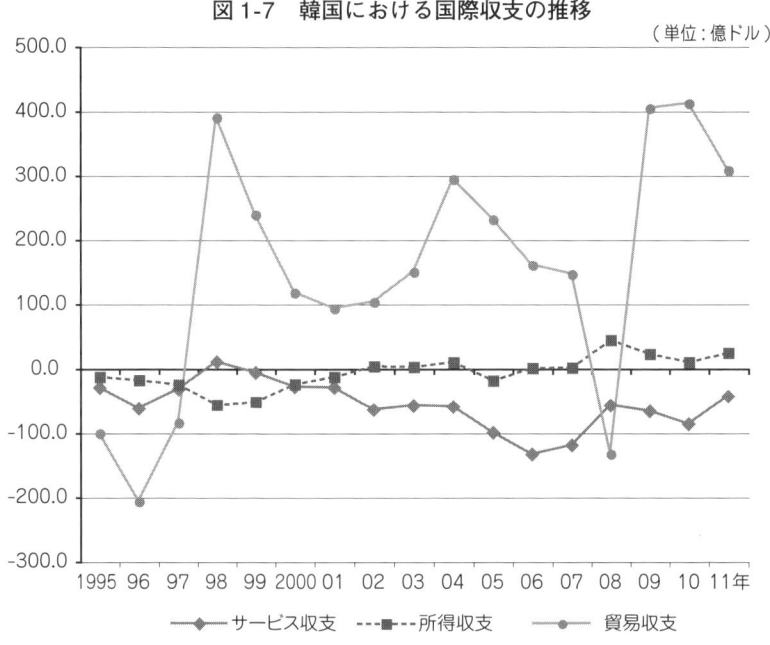

図1-7 韓国における国際収支の推移
（単位：億ドル）

資料：『経済白書』（各年版）より作成。

を記録している。しかし02年に4.3億ドルの黒字となり，03年も引き続き6.0億ドルの黒字を計上している。

したがって総じてみると，サービス収支の赤字と所得収支の低迷を巨額な貿易黒字が吸収する構造にあり，対外経済活動全体の視点からみても韓国では輸出が経済的支柱にあることが分かる。そして，こうした傾向は2004年以降も確認できる。

（3）直接投資

①対外直接投資

韓国の対外直接投資を示したのが**表1-5**である。経済危機が発生する前は1996年に71億ドルと過去最高の投資金額を記録したが，経済危機により99年には47億ドルまで減少している。その後，2000年には62億ドルに回復し，以

表 1-5　地域別にみた対外直接投資（総申告金額）

(単位：億ドル)

	合計	アジア	中東	北米	中南米	ヨーロッパ	アフリカ	オセアニア
1995年	53.1	26.6	0.0	15.8	2.5	7.0	0.2	1.1
96	71.1	35.2	0.4	14.2	5.6	13.6	0.4	1.7
97	60.7	26.9	2.0	11.9	6.1	9.0	1.6	3.3
98	58.4	26.8	0.4	12.7	4.2	10.5	1.9	1.8
99	46.5	17.7	0.1	18.4	3.4	4.8	1.5	0.7
2000	62.0	23.3	0.2	14.2	16.9	3.6	2.2	1.6
01	64.7	19.3	0.1	19.9	2.1	22.8	0.1	0.4
02	66.7	32.9	0.5	14.7	4.3	13.2	0.1	0.9
03	64.6	44.7	0.0	8.2	5.9	3.4	0.0	2.4
04	84.4	52.6	0.6	15.2	5.6	8.8	0.4	1.1
05	94.3	56.1	1.1	14.7	10.1	8.1	2.5	1.8
06	194.6	105.6	2.3	31.0	16.5	29.0	7.7	2.7
07	298.8	177.3	2.3	46.9	19.2	44.4	1.7	7.2
08	238.8	117.7	2.6	52.6	21.0	34.0	3.2	7.7
09	203.8	67.7	3.2	60.0	10.4	53.3	3.7	5.5
10	243.7	100.7	3.5	46.2	21.4	61.2	2.9	7.8
11	265.0	110.8	2.7	72.7	23.4	36.5	3.7	15.2
12	231.6	101.1	3.5	44.5	25.3	30.7	3.7	22.8

資料：韓国輸出入銀行「海外直接投資の動向分析」（各年版）より作成。
注：「投資金額」は，申告ベースの数値である。

降03年まで65億ドル前後で推移している。地域別にみると，概ね95～98年まではアジアが全体の約半分を占め，99～01年はアジア・北米・ヨーロッパの3地域での直接投資が多かったが，02・03年には再び49.4％・69.4％とアジアに直接投資が集中している。

04年以降も対外直接投資は増加し，07年以降200億ドル台で推移している。地域別では，アジアが4割強を占め，北米が2割程度，ヨーロッパが概ね1割強を占め，これら3地域への集中が依然進んでいる。

また21の区分のうち，主な産業への対外直接投資をあらわしたのが**表1-6**である。1995～2003年まで一貫して製造業への直接投資が多く，03年では35億ドルに達する。全体に占める割合も，概ね50％前後から最大で72.9％（01年）に及ぶ。次に多いのが，卸・小売業であり，多いときで20億ドル程度，全体の30％前後を占めている。その他，鉱業や不動産・賃貸業での投資金額が多

表1-6　産業別にみた主な対外直接投資（総申告金額）

(単位：百万ドル)

	鉱業	製造業	卸・小売業	専門・科学・技術サービス	金融・保険	不動産・賃貸
1995年	90	3,530	488	20	83	266
96	236	4,024	1,347	5	31	253
97	560	3,035	890	21	38	347
98	210	2,808	2,044	7	22	218
99	383	2,306	1,294	11	26	107
2000	339	1,978	815	1,418	71	570
01	126	4,717	1,038	18	55	200
02	458	3,104	2,036	17	310	290
03	978	3,494	646	42	510	330
04	340	5,073	1,177	113	331	638
05	885	4,994	1,005	158	242	516
06	3,856	7,810	1,394	667	904	1,524
07	3,087	9,651	3,002	3,090	2,123	4,135
08	4,002	7,231	3,750	1,813	2,164	1,767
09	5,449	4,567	1,796	2,030	2,002	2,489
10	7,319	7,027	1,304	1,713	3,273	1,595
11	7,579	8,197	1,889	2,333	3,602	528
12	6,991	7,394	1,516	2,600	943	1,478

資料：韓国輸出入銀行「海外直接投資の動向分析」（各年版）より作成。
注：「投資金額」は，申告ベースの数値である。

く，02・03年では金融・保険業の投資金額が急増している。

2004年以降も依然製造業への投資金額が大きいが，09～10年にかけて鉱業が製造業を上回る投資金額を記録している。その他には，専門・科学・技術サービスも増加しており，従来の製造業に加え，資源と専門性の獲得を目的とした対外直接投資が顕著になっている。

さらに表は省略するが，直接投資金額及び製造業について進出国別に確認すると（2003年），投資金額では最も多いのが中国の28.6億ドルで，全体の47.8％を占めている。第2位がアメリカの7.8億ドル（13.0％），第3位ベトナム7.2億ドル（12.1％），第4位インドネシア2.2億ドル（3.6％），第5位シンガポール2.0億ドル（3.4％）とつづく。上位10カ国には，アジアが7カ国（日本を含む）と最も多く，これにアメリカ，オーストラリア，イギリスが含ま

れ，10カ国で投資金額全体の89.0％に達する。

　同様に，製造業における直接投資金額（2003年累積）を国別にみると（表略），第1位は中国の289.0億ドルで製造業全体の39.2％を占めている。次に多いのがアメリカの98.6億ドル（13.4％），ベトナム44.4億ドル（6.0％），インドネシア40.7億ドル（5.5％），オランダ26.4億ドル（3.6％）と続く。すなわち上位5カ国で7割弱に達し，その中心がアジア諸国であることが分かる。上位10カ国まで広げると，アジア5カ国，EU 4カ国，アメリカであり，投資金額の78.7％に達する。

　以上のことから韓国の対外直接投資は，中国・インドネシア・ベトナムを中心としたアジア諸国に対する製造業への直接投資が盛んであると整理することができる。

②対内直接投資

　表1-7は，外国人による韓国への直接投資を示したものである。1995年の外国人投資金額は19.7億ドルであった。97年の経済危機後においても，先に記したIMFコンディショナリティーと4大構造改革による外国人投資家への市場開放によって直接投資は増加し，99年には最高の155.4億ドルに達している。その後緩やかに減少し，03年には64.7億ドルまで減少している。地域別では，アジア・北米・ヨーロッパの3地域で全体の90％以上を占めており，なかでもアメリカ（全投資額の49.4％が最大シェア，02年）を筆頭に日本（同21.6％，95年）・イギリス（同13.5％，03年）・オランダ（同21.4％，99年）に集中している。申告件数は，95年の878件が03年には2,569件へ3倍に増え，地域別ではアジアが突出して多く03年で1,463件，全体の56.9％を占めている。次に多いのが北米の488件・19.0％である。したがって，アジアは少額の直接投資を多数おこなっているのに対し，北米は比較的少ない件数で多額の直接投資をおこなっているといえよう。

　また産業別にみると（表略），サービス業に集中しており，1995年の8.6億ドルが2000年に81.3億ドルへ10倍近く増え，その後03年には41.3億ドルに半

表1-7 地域別にみた韓国への外国人投資

(単位：億ドル)

		合計	アジア	中東	北米	中南米	ヨーロッパ	アフリカ	オセアニア
申告金額	1995年	19.7	7.9	0.0	6.7	0.2	4.8	0.0	0.1
	96	32.1	12.2	0.0	8.8	0.5	10.6	0.0	0.0
	97	69.7	11.3	0.0	33.7	0.5	24.1	0.0	0.1
	98	88.6	20.2	0.2	30.4	7.4	29.6	0.0	0.0
	99	155.4	45.1	0.0	40.9	1.2	64.1	1.2	2.7
	2000	152.6	46.4	0.0	34.4	26.0	44.8	0.1	0.8
	01	112.9	23.2	2.3	53.9	1.9	31.1	0.1	0.2
	02	91.0	22.7	0.0	47.5	1.0	18.7	1.0	0.0
	03	64.7	12.5	0.1	13.1	6.3	31.0	0.2	1.3
	04	128.0	43.0	0.7	49.4	2.6	32.1	0.1	0.8
	05	115.7	35.1	0.4	28.8	2.3	48.7	0.3	0.5
	06	112.5	40.1	0.4	17.9	1.5	52.3	0.1	9.2
	07	105.2	23.4	0.4	23.8	8.1	46.3	2.8	0.5
	08	117.1	32.8	0.3	14.2	4.9	64.8	0.2	0.7
	09	114.8	37.0	2.4	17.9	3.8	53.6	0.1	2.3
	10	130.7	68.9	1.7	24.5	2.3	32.9	0.3	20.6
	11	136.7	44.0	0.9	31.1	6.4	53.9	0.4	1.0
	12	162.9	88.5	0.5	40.7	3.4	29.6	0.2	1.5
申告件数	1995年	878	431	2	245	18	183	1	18
	96	968	443	5	295	14	228	10	10
	97	1,056	472	4	296	26	274	3	11
	98	1,401	540	12	477	34	340	9	14
	99	2,104	1,050	15	602	58	352	46	21
	2000	4,146	2,649	19	857	136	420	105	32
	01	3,344	2,031	16	686	78	359	188	37
	02	2,411	1,390	22	526	66	313	86	29
	03	2,569	1,463	39	488	75	363	128	33
	04	3,077	1,770	72	597	76	465	115	38
	05	3,669	2,279	77	544	105	531	152	37
	06	3,108	1,771	82	557	102	481	138	35
	07	3,560	2,014	67	522	150	576	252	34
	08	3,745	2,158	132	501	127	555	285	39
	09	3,131	1,768	149	438	116	453	217	40
	10	3,109	1,846	102	435	104	498	134	39
	11	2,708	1,618	73	343	106	478	105	33
	12	2,865	1,773	84	355	76	439	134	32

資料：「韓国産業通商支援部ホームページ」より作成。

減している。それでも03年の全投資額に占める割合は63.9％と突出している。次に多いのが製造業であり，99年に過去最高の83.7億ドルを記録したが，03年では17.0億ドルにまで低下している。しかし03年で全体の26.3％を占めており，先のサービス業と製造業に対する外国人投資が集中している。申告件

数もサービス業への集中と製造業への投資が多い点で,投資金額と同様である。

　2004年以降の申告金額は100億ドル台で推移しており,03年までと同じくアジア・北米・ヨーロッパの3地域に90％が集中している。近年では,アジア及びヨーロッパ単独で5割強を占める年もみられる。申告件数はほぼ3,000件台で推移し,その約6割がアジアに集中する構造は同じである。

6．農業経済と農業構造

　FTAの推進によって懸念されるのが,国内農業への影響である。1995年から2003年までの韓国の農業GDPは,1995年の19.9兆ウォン以降ほぼ横ばいで推移し,2003年は22.0兆ウォンである。これに対し,韓国のGDPに占める農業の割合は95年の4.9％から年々低下し,03年には2.9％になり,実質的には農業GDPは減少している。FTA発効後の04年以降もほぼ22兆ウォン前後で推移し,12年には25.0兆ウォンと過去最高を記録している。だが,GDP全体に占める割合は04年の3.0％から低下し,10年に過去最低の2.0％を記録して以降,現在もその水準がつづいている。

　また,国内農業生産額をみると,1997年には穀物10.3兆ウォン,野菜6.3兆ウォン,果実3.1兆ウォン,畜産6.9兆ウォンであったが,03年には穀物は5.0％減の9.8兆ウォンへ,果実は2.3兆ウォンへ25.1％減少している。逆に,野菜と畜産は7.6兆ウォンと8.9兆ウォンへ,ともに2割強増加しており,畜産では養豚が健闘している。しかし,これはあくまでも名目でみた生産額であり,実質でみると図1-8に記すように異なる様相を呈している。すなわち,4品目とも03年にかけて生産額指数は低下しており,野菜2割,穀物4割,果実に至っては半分近く生産額が減少している。04年以降では穀物と野菜の落ち込みが著しく,12年の生産額指数は,穀物37.8,野菜63.8,果実48.4にまで低下している。畜産も09～10年に100を超えるが,ほとんどは90台で推移している。だが,その内訳をみると,養豚が安定して110台で推移し,近

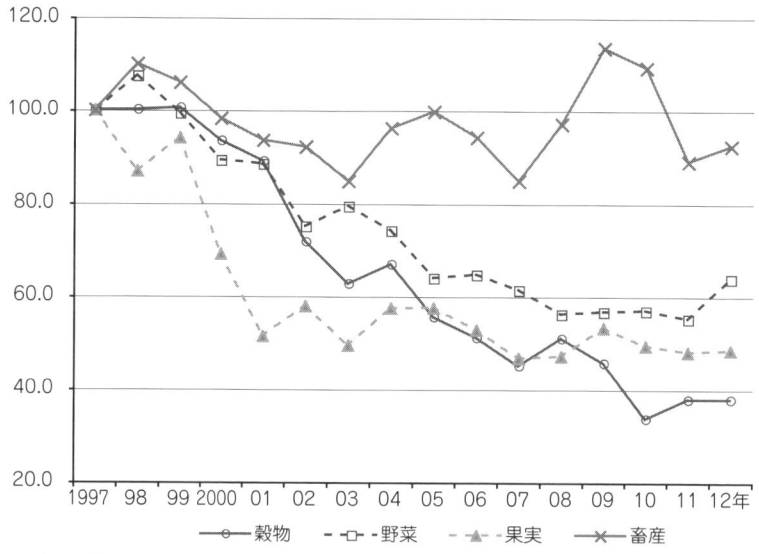

図1-8 国内農業生産額指数（実質）の推移

資料：『農林畜産食品主要統計』（各年版）より作成。

年では養鶏も110台を記録しているのに対し，韓肉牛は概ね80台で推移していたが，12年には65.6まで低下している。

個別農家の経済状況をみると（**図1-9**）[13]，1995年の農家所得は2,180万ウォンであり，03年には2,688万ウォンへ23.3％増加している。これを都市勤労者所得と比較すると，1995年の農家所得は都市勤労者所得の95.1％の水準にあったが，03年には76.5％と7割台にまで落ち込み，両者の所得格差が開いている。しかも農家所得の構成も，1995年には農業所得が48.0％（1,047万ウォン）と約半分を占め，農外所得が31.8％，移転所得等20.2％であった。ところが03年には農業所得39.3％（1,057万ウォン）・農外所得35.0％・移転所得等25.7％と，農業所得のシェアが低減し，農業所得だけで生活を営むことが厳しい状況にある。こうした傾向は2004年以降も強まり，農家所得は05年から継続して3,000万ウォンを記録しほぼ横ばい傾向にある。その一方で，都市勤労者所得に対する農家所得の割合は07年から低下しつづけ，08年に7

図 1-9 農家所得の構成及び都市勤労者所得との比較
（単位：万ウォン，％）

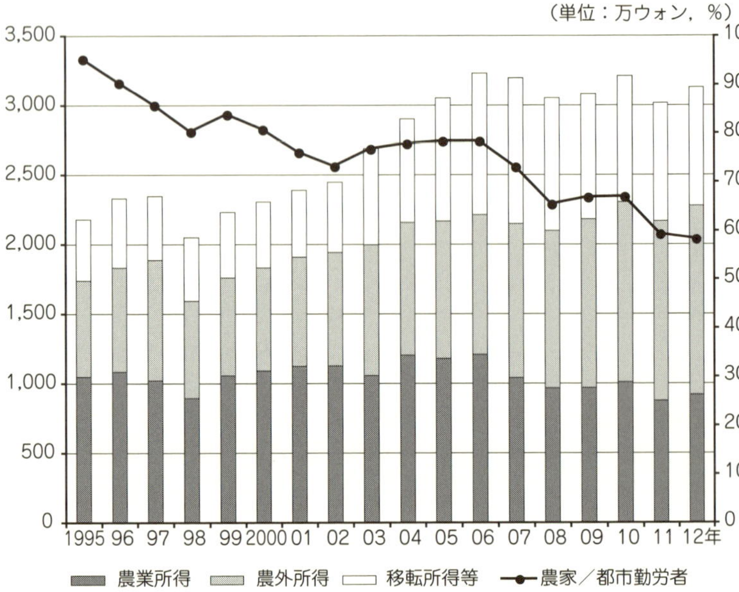

資料：『農林畜産食品主要統計』（各年版）より作成。

割を，11年には6割を切り，12年には58.1％まで低下している。これは，先述した正規労働者に対する非正規労働者の賃金水準56.6％（12年）と近似している。賃金と所得の比較という点で異なるが，農家所得が非正規労働者並みの水準まで低下していることがみてとれよう。農家所得の構成についても，07年から農外所得が農業所得を上回るようになり，12年には農業所得29.4％（920万ウォン），農外所得43.4％（1,359万ウォン），移転所得等27.2％（852万ウォン）と，農業所得と移転所得等が拮抗している。

そうしたこともあり，農家数も2000年の138万戸が05年の127万戸へ8.0％の減少，さらに10年には118万戸へ7.1％減少，一方農家人口も2000年の403万人が05年343万人へ14.9％減少，10年には306万人へ10.8％減少するなど，両者ともに急速に減少している。同様に，農地面積も2000年の189万haから05年の151万haへ20.1％減少し，10年には172万haへ回帰したが2000年水準を

下回っている。

　1戸当たり農家人口は，2000年の2.92人から05年には2.70人へ，10年には2.59人へ減少している。また，農家経営主を年齢別にみると（05年），58.3%の農家が60歳以上の経営主である。農業後継者の確保状況をみても，全農家の11.0%しか後継者を確保できていない。しかもこの数値には他出後継者を含んでおり，実際に農村で同居する後継者は1割を切る状況である。したがって，先の1戸当たり農家人口と農家経営主の状況を重ね合わせると，農家の多くは後継者を確保できていない高齢者夫婦2人による農業従事が大宗を占めているといえる。さらに1里当たりの農家数においても，2000年の38.2戸が05年には35.2戸，10年には32.5戸（いずれも里数を36,195里で一定と仮定）に減少しており，農村部における離農の増加と，離農を画期とした農村部から都市部への「挙家離村」も少なからずみられる。

　他方，離農による規模拡大の効果をみると，3ha以上農家の割合は2000年の6.3%から05年7.3%，10年8.2%へ，同じく5ha以上は00年1.7%から05年2.6%，10年3.4%へ緩やかながらも増加している。また，アメリカやEUとのFTAで大きな打撃が予想される畜産でも，韓肉牛の1戸当たり頭数は00年5.7頭→05年9.5頭→10年17.0頭へ，同様に豚は00年292.6頭→05年729.2頭→10年1,344.9頭へ大幅に増えている。したがって，経営規模の拡大，特に畜産に関しては急速に大規模農家への集中と競争力強化が進んでいる。だがその一方で，農家数や農地面積，農村戸数の縮小など総体的には農業資源が後退しており，その根底の1つには農家所得・農業所得の悪化とそれによる都市勤労者との所得格差が関係している。

7．海外農業開発

　農業の競争力強化と総体的な農業資源の後退が併存するなか，韓国は国策として海外農業開発に取り組んでいる。海外農業開発とは法人の海外進出による農業経営，いわゆるランドラッシュを指す[14]。ランドラッシュを食料

安全保障のなかに組み込むことで，食料自給率に代わる「穀物自主率」という概念を提起している。穀物自主率は，国内生産と進出した法人が海外で生産したものを，韓国全体の生産量としてカウントして算出したものであり，2010年のそれは27.1％である。したがって，10年の穀物自主率から穀物自給率（飼料含む）26.7％を差し引いた0.4％が海外生産によるものとなる。

ところで韓国の自給率を確認すると，食料自給率（飼料除く）は2000年55.6％→05年54.0％→10年54.9％とほぼ横ばいである。他方，穀物自給率（飼料含む）は2000年29.7％→05年29.4％→10年26.7％と低下している。品目別にみると米104.6％，穀類27.4％（小麦1.7％），イモ類98.3％，豆類17.1％（大豆31.7％），野菜類90.4％，果実類83.5％，肉類78.2％となる。したがって，米の完全自給と野菜・果実・肉類の高い国内自給，米以外の穀物の海外依存という日本と類似した自給率構造である。

それを踏まえ，農林水産食品部は「2015年食料自給率目標値の再設定及び2020年目標値の新規設定」を公表し[15]，食料自給率（飼料除く）は2015年57.0％・2020年60.0％，穀物自給率（飼料含む）30.0％・32.0％，穀物自主率55.0％・65.0％の目標値を掲げている。穀物自主率から穀物自給率を差し引くと，15年25.0％・20年33.0％となる。その結果20年に関しては，海外生産（33.0％）が国内生産（32.0％）を上回ることになる。

海外農業開発を進めるため韓国政府は，2009年に「海外農業開発10カ年計画」を策定している。同計画では，18年までに主要穀物の国内消費量の10％を海外で安定的に生産・供給する体制を確保するとし，そのため海外農業開発事業を設け，11年までに海外農業進出法人25法人に対し計480億ウォンを融資（事業費の70％以下，3年据置・7年償還，年利2％）している。その他に，海外農業環境調査と海外農業開発基盤構築（専門家の育成，コンサルティング事業など）に要する費用を補助している。

表1-8は，海外農業開発協会に加盟する海外農業進出法人の数と地域，進出年を整理したものである。2008年には6法人の進出であったが，海外農業開発10カ年計画を策定した09年から急激に増加し，12年までに計107法人が

表 1-8　海外農業進出法人数

	計	2008年	09	10	11	12
計	107	6	31	29	15	26
中国	18		4	9	1	4
カンボジア	12	1	5	2	3	1
インドネシア	12		4	5	1	2
ロシア	11	1	6	2	1	1
モンゴル	10		2	2	2	4
フィリピン	8	2	2	1		3
ベトナム	5			1	2	2
ラオス	4		3	1		
アメリカ	4				3	1
キルギスタン	3		1	2		
ブラジル	3		2	1		
ウクライナ	2	1				1
ウズベキスタン	2			2		
オーストラリア	2				1	1
チリ	2					2
マダガスカル	1	1				
タジキスタン	1		1			
ウルグアイ	1		1			
ニュージーランド	1			1		
ミャンマー	1				1	
インド	1					1
スリランカ	1					1
ウガンダ	1					1
コンゴ	1					1

資料：「(社)海外農業開発協会ホームページ」より作成。

進出している。進出国も10年までは表中の上位4カ国—中国，カンボジア，インドネシア，ロシアに偏っていたが，現在は22カ国にまで進出国を広げている。品目はトウモロコシが最も多く39社，次が豆類の21社など自給率の低い品目が中心であり，その他は東南アジアを中心にキャッサバ15社とつづく。同協会の資料には，海外進出した法人の農地面積が記されていないが，報道によると2010年で30万haを確保しており（「連合ニュース」2010年10月25日），これは国内農地面積の17.4％に相当する。

このように海外農業進出国と法人数が急速に拡がりつつあるが，次の点に

留意する必要がある。第1に，これらすべての法人が韓国への輸出，換言すると韓国国内の食料確保のために事業を展開しているわけではないということである。海外に進出した法人のアンケート結果によると，現地の市場販売を目的としたものが40.4％と最も多く，現地での経済活動目的が中心である(16)。実際，現地で販売した法人は41.2％であり，韓国に輸出した法人は35.3％である(17)。したがって，韓国国内において不測の事態が生じた際に，海外農業進出法人が韓国国内に向けて農産物を輸出する可能性があるという点で，間接的な食料安全保障に寄与するが直接的な食料安全保障に結び付くわけではない。

第2に，2009年実績で3割弱の農地でしか実際の生産活動ができていないことである。これは，インフラ整備が不十分であることや現地労働者との摩擦，現地の慣習問題など進出しても即座に生産活動に入ることが難しいためである。

第3に，韓国へ輸出する際の問題点として，同アンケート結果では「関税及び価格水準」64.7％，「輸送」41.2％，「通商法」23.5％をあげている。すなわち，現地国から韓国へ輸出する際の韓国側の関税の問題やTRQ（関税割当）の確保の問題，輸送手段（先のインフラ整備の問題）など多くの解決すべき問題を抱えている。

こうした問題に加え，進出した国のうちロシアやウクライナなどのいくつかは，食料主権のもと自国民への食料供給を優先して禁輸措置あるいは輸出制限を実際におこなった国である。仮に進出した国において禁輸措置等がとられた場合，韓国国内で食料が不足していても容易には輸出できない事態が想定されよう。そのような事態を想定して，終章で触れる韓豪FTAには，すみやかな対処を図る内容を組み込んでいる。

いずれにせよ韓国政府は，FTA戦略を通じた安価な農産物輸入を認め，第5章でみる直接支払いで手当てをしつつ，安価な輸入農産物に対抗できない農家の離農と国内生産の縮小を，対抗可能な農家への資源の集中を通じて国内農業生産の競争力強化に結び付けるとともに，一方では海外農業進出法

人による海外生産でカバーし穀物自主率を高めていくということである。すなわち韓国政府の方針は，国内農業の競争力強化に加え，輸入と海外生産という２つの海外依存も含めて食料安全保障及び食料の確保を図るということである。

注
（１）金昌男・渡辺利夫『韓国経済発展論』勁草書房，1996年。
（２）金俊行『グローバル資本主義と韓国経済発展』御茶の水書房，2006年。
（３）金泳鎬『東アジア工業化と世界資本主義』東洋経済新報社，1988年，p82。
（４）日米への依存は貿易だけではなく，資本や技術など多岐にわたる。資本については金俊行『グローバル資本主義と韓国経済発展』（御茶の水書房，2006年），技術は尹明憲『韓国経済の発展パラダイムの転換』（明石書店，2008年）を参照。
（５）佐野孝治「グローバリゼーションと韓国の輸出主導型成長モデル」『歴史と経済』政治経済学・経済史学会，219号，2013年，p38。
（６）最近のものでは，樋口倫生「積極的にFTAを推進する韓国」（『農業と経済』第80巻第２号，2014年）。
（７）高龍秀『韓国の経済システム』東洋経済新報社，2000年，第７章。
（８）データの制約上，賃金労働者の年齢別データを得ることができないため，ここでは経済活動人口に対する比重でみている。
（９）韓国の労働実態については，NHKスペシャル「ワーキングプア」取材班・編集『ワーキングプア　解決への道』（ポプラ文庫，2010年）を参照。
（10）2012年のデータも存在するが，10～11年と12年とでは異なるサンプルを通じた調査に変更したことでデータが接続しないという問題があるため，ここでは11年の数値を記している（シン・ドンジン『家計負債の現況及び対応方案』国会予算財政処，2013年，pp13～14）。
（11）周知の通り，2007年からEUの加盟国は27カ国である。本書では便宜上，2007年以前も27カ国の加盟としてデータを集計・整理している。
（12）輸入統計品目の第２類（肉類），第４類（酪農品など），第７類（野菜など），第８類（果実など），第10類（穀物）を合算した金額である。
（13）韓国の農家経済や農業構造については，拙著『条件不利地域農業　日本と韓国』（筑波書房，2010年）も参照。
（14）近年のランドラッシュの実態については，NHK食料危機取材班『ランドラッシュ』（新潮社，2010年）も参照。
（15）韓国では，農林部→農林水産食品部（08年）→農林畜産食品部（13年）と頻繁に省庁の名称が変更する。本書では，基本的には各名称を使用している（他

の部も同じ)。
(16) キム・ヨンテク他「海外農業投資の成果と課題」『農業展望2011（Ⅰ）』韓国農村経済研究院，2011年，p424。
(17) キム・ヨンテク他『食料安保体系の構築のための海外農業開発と支援確保方案』韓国農村経済研究院，2010年，p117。

第2章

韓チリFTAと果樹農業への影響

1．はじめに

　韓国は，チリと最初のFTAを締結し，2004年4月から発効している。チリを最初のFTAとして選択した理由は，いくつかある。
　第1に，両国の貿易構造が補完的関係にあることである。後述するように，韓国のチリへの輸出は，自動車や携帯電話，コンピューターなどの製造業が主たる品目であるのに対し，チリからの輸入は銅などの鉱産物や木材パルプを含む農林水産物が中心である。第2に，そのためある程度相互に重要品目を例外扱いにでき，韓国では米・リンゴ・ナシを，チリでは洗濯機や冷蔵庫を例外品目としている。第3に，第1・2の結果，韓国の国内産業への影響・被害が少なく，FTAに対する国民からの反発を小さく抑えることができるためである。第4に，韓国としては，チリとのFTAがチリ以外の中南米市場に進出する際の足がかりとなると同時に，チリとしてもアジア国家との最初のFTAの締結であり，今後アジアへ進出する足がかりとしていることである。第5は，第1章で記した「FTAロードマップ」に即しFTAの拡大を国策とする韓国にとって，チリを相手にFTA交渉に関する様々な経験やノウハウを蓄積し，今後のFTA交渉に活かすためである。
　このような理由のもと韓チリFTA交渉は進められ，2002年10月に交渉は妥結し，03年2月に署名された。しかし，チリが世界最大の果実輸出国の1つであるため，韓国では最も被害が予想されるブドウ農家やその主要産地から反対運動が起こった。韓国政府は，チリは地理的に遠く南半球に位置し，季節が韓国とは真逆でブドウの生産時期が重複しないという点でも補完的で

あり，さらに季節関税の導入という影響緩和策を講じたが，04年2月に批准同意案が国会を通過するまで混乱することとなった[1]。

本章では，韓チリFTAで締結した協定内容やFTA締結前後における両国の貿易実績とその変化を明らかにしつつ，反発の中心であったブドウを対象に韓国農業への支援対策とその実績，ブドウ農家の実態などを通じて韓チリFTAの考察をおこなう。

2．対チリ貿易の実績─FTA発効前

韓チリFTA発効の前である2003年の両国間の貿易実績をみると，韓国からチリへの輸出額は5億1,719万ドルである。これは，韓国の輸出総額の0.3％を占め，輸出相手国の第43位に位置している[2]。**表2-1**は，チリへの輸出上位10品目を示したものである。このうち乗用車が1億1,689万ドルで，輸出額の2割強を占める最大の輸出品目となっている。その他自動車関連品目として貨物自動車や自動車部品など計4品目が入っており，全体の35.1％を占めている。2位が原油を除く石油の8,171万ドル（15.8％），3位がエチレンの重合体の3,432万ドル（6.6％），その他に送信機器2,742万ドル（5.3％）や洗濯機1,531万ドル（3.0％）などもある。したがって，自動車や電気・電子製品などが主要品目といえ，上位10品目で輸出全体の70.0％を占めている。

他方，チリからの輸入額は10億5,772万ドルで，韓国の全輸入額の0.6％を占めており，第28位の輸入相手国である[3][4]。輸入の上位10品目をみると（**表2-1**），最も多いのが精製銅・銅合金の5億1,052万ドルで，輸入全体のほぼ半分を占め，これに2位の銅鉱を加えると7割近くに達する。3位は誘導体の8,288万ドル，4位は木材パルプの8,176万ドルとつづく。その他，豚肉や魚，ブドウといった農水産物も上位10品目に含まれており，先に記したブドウ農家や主要産地によるFTA反対運動の理由もここにある。このようにチリからの輸入品は，鉱物などの原材料及び農林水産物が中心であり，上位10品目で全体の93.6％と大部分を占めている。

第2章　韓チリFTAと果樹農業への影響

表2-1　韓国とチリの主要貿易品目（2003年）

（単位：万ドル，％）

輸出					輸入				
順位	品目番号	品目名	金額	シェア	順位	品目番号	品目名	金額	シェア
1	8703	乗用車	11,689	22.6	1	7403	精製銅・銅合金	51,052	48.3
2	2710	石油及び歴青油	8,171	15.8	2	2603	銅鉱	21,911	20.7
3	3901	エチレンの重合体	3,432	6.6	3	2905	誘導体	8,288	7.8
4	8704	貨物自動車	3,012	5.8	4	4703	化学木材パルプ	8,176	7.7
5	8525	送信機器	2,742	5.3	5	0203	豚肉	3,015	2.9
6	8708	自動車部品	1,891	3.7	6	0303	魚	1,587	1.5
7	8450	洗濯機	1,531	3.0	7	2301	肉粉及び獣脂かす	1,494	1.4
8	8702	大型輸送用自動車	1,527	3.0	8	0806	ブドウ	1,366	1.3
9	3907	ポリアセタール	1,252	2.4	9	2608	亜鉛鉱	1,053	1.0
10	7228	その他の合金銅	940	1.8	10	2613	モリブデン鉱	1,031	1.0
		総計	51,719	100.0			総計	105,772	100.0

資料：『貿易統計年報』（2003年）より作成。
注：品目名は，代表的なもののみ記している。

　以上のチリとの貿易の結果，韓国は5億4,054万ドルの赤字を計上している。これは，日本との貿易赤字190億3,695万ドルを筆頭に，第12位の大きさである[5]。

3．FTA協定内容—商品貿易を中心に

　韓チリFTAは，第1部一般条項（計2章），第2部商品貿易（7章），第3部投資及びサービス（4章），第4部競争・政府調達及び知的財産権（3章），第5部行政及び制度関連規定（3章），第6部その他規定（2章）の合計6部21章からなる。

　このうち，農産物を含む第2部の商品貿易に焦点をあててみていくことにする。表2-2及び表2-3は，韓チリFTAにおいて決定した関税譲許を示したものである。韓国の全品目数は11,170品目あり，これが10の関税譲許に区分される。まず，FTA発効後関税を即時撤廃するのが9,740品目で全体の87.2％を占めている。同様に，5年での関税撤廃が701品目・6.3％，10年が262品目・2.3％である。その結果，即時を含む10年以内での撤廃品目は96.2％を占めている。関税撤廃以外では，TRQ（関税割当）の設置を含めDDA（ド

表2-2　韓国における関税譲許の品目数

	全体	工業製品	農産物	林産物	水産物
即時撤廃	9,740	9,101	224	138	277
5年	701	-	545	70	86
7年	41	1	40	-	-
9年	1	-	1	-	-
10年	262	-	197	29	36
季節関税	1	-	1	-	-
16年	12	-	12	-	-
TRQ＋DDA以降論議	18	-	18	-	-
DDA以降論議	373	-	373	-	-
例外	21	-	21	-	-
合計	11,170	9,102	1,432	237	399

資料：外交通商部他「韓チリFTAの重要内容」より作成。
注：1）「TRQ」は関税割当，「DDA」はＷＴＯのドーハ開発アジェンダを指す。
　　2）「16年」は6年間関税据え置きの後，10年かけて関税撤廃をおこなう。

表2-3　チリにおける関税譲許の品目数

	全体	工業製品	農産物	林産物	水産物
即時撤廃	2,450	1,478	677	96	199
5年	1,994	1,992	-	-	2
7年	14	14	-	-	-
10年	1,190	1,180	10	-	-
5年据え置き後8年間で撤廃	152	152	-	-	-
例外	54	12	42	-	-
合計	5,854	4,828	729	96	201

資料：外交通商部他「韓チリFTAの重要内容」より作成。

ーハ開発アジェンダ）妥結後に議論をおこなうのが391品目・3.5％，例外品目が21品目・0.2％である。

　分野別にみると，工業製品は9,102品目のうち1品目（電気銅）を除くすべてで関税が即時撤廃され，先述した即時撤廃品目数9,740のうちの93.4％を工業製品が占めている。林産物では，即時撤廃が138品目で全体の58.2％を占め，5年撤廃が70品目・29.5％，10年撤廃が29品目・12.2％であり，水産物も即時撤廃277品目・69.4％，5年撤廃86品目・21.6％，10年撤廃36品目・9.0％の3区分だけである。したがって農産物を除く3分野では，すべての品目が10年以内に関税撤廃することになる。

これに対し，農産物のみ10の関税譲許区分すべてに品目が分散しており，韓国にとって農産物が重要な位置にあることが分かる。農産物1,432品目のうち関税を即時撤廃するのが224品目で全体の15.6％を占めており，配合飼料・ミール・ライ麦・種牛などがここに属する。最も多いのが5年で関税撤廃する545品目・38.1％であり，白菜・大根・キムチ・コーヒー・チョコレートなどである。10年での関税撤廃品目は，豚肉・ヨーグルト・チーズ・トマト・キウイ・モモ・果実ジュースなどの197品目・13.8％である。季節関税に該当する1品目のブドウは，5〜10月については現行関税率45％を維持し，11〜4月は毎年4.1％ずつ段階的に関税を削減し，2014年に完全撤廃する。

　また，牛肉・鶏肉などの18品目・1.3％ではTRQを設け，割当分は無関税とし，それ以外はMFN（最恵国待遇）関税率を維持しDDA妥結後に関税撤廃計画を議論することとしている。割当量は，輸入実績に応じて牛肉400トン，鶏肉2,000トン，乳しよう1,000トン，スモモ280トン，マンダリン100トン，その他野菜100トンである。同じく，高関税かつ重要品目であるニンニクやタマネギ，トウガラシ，オレンジ，ゴマなど373品目・26.0％もMFN関税を維持し，DDA妥結後に議論することで決着している。さらに，先に記した例外品目21品目はすべて農産物であり，最重要品目である米・リンゴ・ナシがここに含まれる。なお，農産物にのみ緊急輸入セーフガードの発動が認められている。

　他方，チリの全品目数は5,854品目あり，6つの関税譲許に区分される（**表2-3**）。工業製品のみがすべての区分に品目が存在することから，チリは韓国とは異なり工業製品が重要品目であることが分かる。関税を即時撤廃するのは2,450品目で，全体に占める割合は41.9％である。これは韓国（87.2％）の半分以下の水準に過ぎないが，金額ベースでみると韓国からチリへの輸出総額の約67％（2001年）に達する。5年での関税撤廃が1,994品目・34.1％，10年が1,190品目・20.3％であり，したがって即時撤廃を含め10年以内に関税撤廃する品目は96.3％に達し，韓国の96.2％と均衡することになる。その他，関税撤廃の例外品目が54品目・0.9％ある。

分野別では，工業製品の品目数4,828品目のうち最も多いのが5年撤廃の1,992品目で，工業製品全体の41.3％を占める。ここには，プラスティック製品や鉄鋼製品，自動車部品などが含まれる。次に多いのが，即時撤廃の1,478品目・30.6％であり，自動車や携帯電話などの電気・電子，鉱物性燃料，機械類などである。10年での撤廃は，自動車用バッテリーや石油・衣類など1,180品目で24.4％を占める。例外品目は12品目・0.2％であり，洗濯機や冷蔵庫があてはまる。

　競争力のある林産物は，96品目すべてにおいて関税を即時撤廃し，水産物は2品目のみ5年の撤廃で，残り199品目は即時撤廃される。同様に，農産物も729品目のうち即時撤廃が677品目と92.9％を占め，牛肉や米関連の一部品目など10品目・1.4％が10年で撤廃することになる。残り例外品目が，価格バンド制を維持している小麦や食用油・砂糖などの42品目・5.8％である[6]。これは韓国のちょうど2倍の品目数であり，工業製品だけではなく一部農産物も重要な位置にあることが分かる。

4．韓チリFTAの影響試算と国内支援策

(1) 影響試算

　韓国政府が試算した韓チリFTAの経済効果では，先にみた年間の貿易赤字額が毎年約3億2,000万ドル改善すると公表している。

　また，韓国農村経済研究院が，最も影響を受ける農業部門に限定して試算した結果が**表2-4**である。チリからの安価な輸入農産物による当該農産物の生産減少や価格低下などの直接的影響により，年間農業生産額は455億～580億ウォン減少するとみている。また，安価な輸入農産物の消費増大にともない，代替関係にある他の農産物の需要減退や価格低下といった間接的影響によっても，年間約110億ウォンの損失が発生すると試算している。その結果，合計で560億～690億ドル国内生産額が減少することとなる。これは，FTA発効前の農業生産額の0.2％に過ぎず，農業部門全体でみると韓チリFTAに

第2章 韓チリFTAと果樹農業への影響

表2-4 韓チリFTAによる影響試算

(1)農業部門への影響
直接的影響：年間455.4億～580.7億ウォン減少
間接的影響：年間110.5億～116.7億ウォン減少

(2)主要農産物への影響

	2003年実績		毎年の減少率・額		
	生産量 (万トン・万頭)	生産額 (ウォン)	生産量 (%)	価格 (%)	生産額 (ウォン)
ブドウ	38	6,360億	0.2～0.4%	0.3～0.7%	1年目35億 以後51億～173億
キウイ	87	186億	0.5%	1.0～1.1%	2.7億～2.8億
イチゴ	21	6,923億	0.0～0.1%	0.4～0.8%	31億～64億
ミカン	63	3,623億	0.1～0.3%	0.4～0.8%	20億～40億
豚肉	923	2兆6,812億	0.3%	1.0～1.1%	343億～352億

資料：韓国農村経済研究院『農業部門FTA履行の影響及び補完対策の評価』及び『農林統計年報』(2004年)より作成。

よる国内農業への影響は大きくはない。しかし特定の品目に限定すると，異なる様相を呈している。

表中(2)には，主要品目に対する影響試算も記している。まず，世界最大の生産量を誇るチリ産ブドウに対しては季節関税による対策を講じているが，国内生産量は毎年0.2～0.4％減少し国内価格は0.3～0.7％低下する。そのため，国内生産額は初年に35億ウォン減少したのち，以降51億～73億ウォン減少すると予測している。

同様に，世界3位の生産量であるチリ産キウイに対しては，関税率45.5％を毎年4.1％ずつ削減し，10年かけて撤廃するため国内生産は0.5％の減少，価格も1.0％下がり，生産額も毎年2.7億ウォンほど減少することになる。しかし，キウイの国内生産は，全羅南道や慶尚南道など特定地域に限られ，面積も韓国全体で約1,000haと少ないため，ブドウに比べるとその影響は小さい。

またイチゴとミカンは，ブドウの季節関税により段階的に関税を削減する時期と消費が重複する代替関係にある。そのため間接的に国内生産や価格に影響を及ぼすものと推察される。イチゴの国内生産には大きな影響は生じて

いないが，価格が最大で0.8％低下するため国内生産額も31億～64億ウォン減少している。ミカンは生産量が0.1～0.3％減少し，価格も0.4～0.8％下がるため，生産額は20億～40億ウォン減少することになる。

さらに果実以外では，豚肉がチリからの農産物輸入品目の1位であることに加え，韓国国内でも生産規模が大きいため，かなりの影響が予想される。試算では，生産量は毎年0.3％ずつ減少し，価格も1.0％ほど低下することになる。その結果，国内生産額は毎年350億ウォン前後減少することとなり，先の果実と比べると国内生産に与える影響は大きい。その一方で，豚肉は全体の約6割（2003年）をEUからの輸入に依存していることもあり，チリとのFTAでは先述した牛肉や鶏肉のようにTRQを設けておらず，現行関税率25％を2.4％ずつ引き下げ，10年後の2014年に撤廃することで合意している。

（2）国内支援策

①支援法

韓チリFTAの発効による国内農業への影響を緩和するために，2003年にFTA履行特別法を制定している。同法は，競争力強化と経営安定支援という2つの柱を掲げ，その財源として7年間で8,000億ウォンのFTA特別基金を設置している。

しかし，農民団体から政府の支援策は不十分との抗議を受け，長期的かつ総合的な対策として「農業・農村総合対策」を，さらに新たな個別対策として4大特別支援法を制定するとともに（いずれも2003年），FTA特別基金を1兆2,000億ウォンに拡大している。農業・農村総合対策は，2004～13年の10年間で119兆ウォンの対策費を計上している。その詳細については第3章で検証するが，対策費は主に農業体質強化（対策費の52％），農業者所得安定（同27％），農村福祉増進等（同15％）に用いている。他方，4大特別支援法は，競争力強化と経営安定支援のための「FTA支援特別法」，04年に終了する農漁村特別税を10年間延長する「農漁村特別法」，償還の延期や金利を引き下げる「農漁業者負債軽減特別法」，住宅・道路・交通・教育施設な

ど生活の基礎条件の改善を図る「農林漁業者の質向上及び地域開発促進特別法」である。

②支援内容

競争力強化のための支援は，大きく２つに区分される。１つは物理的な支援である。すなわち，灌漑施設の整備やスプリンクラーの設置，病害虫防除システムの構築，低温倉庫の設置，品種改良など果樹園施設の近代化による生産性の向上や流通施設の支援，高付加価値化の推進である。これらについては，今後のFTAの推進を念頭におき，韓チリFTAの影響を受ける品目に限定せず，すべての果樹を対象としている。

いま１つは廃業支援による構造改善である。廃業支援は，樹園地を廃園もしくは専業農家へ売却する果樹農家に対して一定の交付金を支払うものである。その対象品目は，チリとのFTAによる影響が大きいと思われる施設ブドウ，キウイ，モモに限定される。留意すべきは，季節関税により低い関税率で輸入される時期と国内の施設ブドウの生産時期とが重複するため，施設ブドウのみを支援の対象とし，露地ブドウは対象外となっていることである。

支援期間は2004～08年の５年間であり，廃園の場合は３年間の純所得（例：10a当たり400万ウォン）を，売却の場合は１年間の純所得（例：10a当たり140万ウォン）を一括交付する。ただし，廃園はあくまでも当該品目をやめるということであり，必ずしも離農を意味するわけではない。廃園支援を受けた農家は，５年間の管理期間中に当該品目を栽培することはできず，栽培した場合は廃業支援金を返還しなければならない。

他方，経営安定のための支援策は，輸入の急増で国内価格が下落した際に発動する所得補填直接支払いである。対象品目は，廃業支援同様に施設ブドウ，キウイ，モモの３品目であり，実施期間は2004～10年の７年間である。実施にあたり平均価格と基準価格を設定している。平均価格は，直近５年のうち最高・最低を除く３年の平均を指し，基準価格は平均価格の80％である。補填内容は，当年価格が基準価格以下に下落した場合，基準価格と当年価格

の差額の80％を補填するというものである。

③支援実績

　国内支援策のうち，影響が大きいと目される施設ブドウ・キウイ・モモに限定した廃業支援と所得補填直接支払いに絞り，その実績についてみていくことにする。

　まず，経営安定のための支援である所得補填直接支払いは，後述するように当年価格がむしろ上昇した品目や，低下はしたが基準価格の80％を下回ることがなかったため，支援期間中には一度も発動されることはなかった。

　いま１つの廃業支援の実績を示したのが，**表2-5**である。支援を受けた農家数は合計16,860戸，そのうちモモが最も多い14,903戸（全体の88.4％）であり，次に施設ブドウ1,560戸（9.3％），キウイ397戸（2.4％）とつづいている。廃園面積は計5,813haで，農家数同様にモモが最も多く，全体の89.9％を占める5,225ha，施設ブドウが482ha（8.3％），キウイ106ha（1.8％）とつづく。これらの廃園面積は，３品目とも全栽培面積の約２割に相当する。

　交付金額は計2,377億ウォン，このうちモモが1,796億ウォンと全体の75.6％を占め，次が施設ブドウの530億ウォン（22.3％）である。これを１戸当たりの交付金額でみると，施設ブドウが最も高い3,397万ウォン，次にキウイの1,285万ウォン，モモの1,205万ウォンとなる。先述したように交付金額は，品目ごとの純所得により決定される。そのため１戸当たりでみると，収益性

表2-5　廃業支援の実績（2004～08年）

		合計	施設ブドウ	キウイ	モモ
支援農家数	（戸）	16,860	1,560	397	14,903
廃園面積	（ha）	5,813	482	106	5,225
交付金額	（億ウォン）	2,377	530	51	1,796
１戸当たり交付金額	（万ウォン）	1,410	3,397	1,285	1,205

資料：韓国農村経済研究院『農業部門FTA履行の影響及び補完対策の評価』より作成。

の高い施設ブドウの交付金が高くなり、逆にモモの交付金は低くなっている。

　表は略すが、これら3品目を廃業した農家のうち約1割が何もつくらず休耕あるいは耕作放棄し、それ以外の農家は他の品目に転換している。最も多いのがイチゴやミカンなどの果樹類で30.2％を占め、次に野菜類が25.5％と、両者で過半を占めている[7]。

　以上のことを整理すると、廃業支援を最も活用したのがモモ農家であり、廃業の内容も完全な離農ではなく果樹類や野菜類に品目を転換し、継続して農業に従事しているということである。こうした実態については、後述する調査事例で改めて触れることにする。

5．永川市における果樹農業の実態

　本節では、韓チリFTAの支援対象品目とされた施設ブドウとモモを中心に、統計データと実態調査を通じて、生産現場における変容と影響、廃業支援の実績について考察する。なお統計データは、『農業総調査』（日本の農業センサス）を材料に、韓チリFTA発効前の2000年、FTA発効直後の2005年、発効から6年後にあたる2010年を用いることにする。

（1）果樹農業の地域性

　表2-6は、ブドウ（露地と施設）の生産状況を地域別にみたものである。全国の露地ブドウ農家は、2000年の5.0万戸から05年には24.0％減少し4万戸を割ったが、05～10年では緩やかな減少に転じている。これに対し施設ブドウは、韓チリFTAによる減少予測に反し、00年の3,249戸から増加して10年には4,542戸となっている。そのためブドウ全体に占める施設の割合も、00年の6.1％から10年には11.3％へ1割を超える。

　他方、経営面積をみると、露地では2000年の2.1万haから05年の1.6万haへ減少し、10年は1.7万haへやや戻している。施設は、00年の1,210haが05年に47.1％増の1,782haとなり、10年には2,000haを超える2,127haへ拡大している。

表 2-6　地域別にみたブドウ生産の推移

	露地ブドウ					
	2000年		05年		10年	
	農家数	面積	農家数	面積	農家数	面積
全国	49,619	21,260	37,724	15,928	35,765	16,584
京畿道	6,289	2,900	5,398	2,439	5,106	2,513
江原道	486	166	561	204	563	267
忠清北道	7,127	3,282	4,873	2,190	4,891	2,324
忠清南道	5,027	2,758	3,239	1,818	2,679	1,532
全羅北道	2,384	1,003	1,645	689	1,846	924
全羅南道	1,199	370	872	257	623	239
慶尚北道	21,385	8,755	16,600	6,948	16,435	7,549
慶尚南道	1,782	647	1,245	402	1,009	406
済州道	15	11	14	9	16	5
特別・広域市	3,925	1,368	3,277	972	2,597	827

資料：『農業総調査』及び『農林漁業総調査』(各年版)より作成。
注：「特別・広域市」は，ソウル特別市及び釜山等の広域市を合わせたものである。

経営面積に占める施設の割合も，00年の5.4％が05年には10.1％へ倍増し，10年は11.4％を占めている。

以上の農家数及び経営面積の動きから1戸当たり経営面積をみると，露地は00年0.43ha→05年0.42ha→10年0.46haとほとんど変わらないが，施設は00年0.37ha→05年0.42ha→10年0.47haと10 a拡大している。

地域別にみると，露地ブドウでは農家数・経営面積ともに慶尚北道が突出して多く，全体の45％前後を占めている。それ以外では，京畿道と忠清北道が農家数・面積ともにそれぞれ15％ほどを占めており，これら3つの道に全体の8割近くが集中している。

同じく施設ブドウでは，2005年まで慶尚北道と忠清北道がそれぞれ農家数・経営面積ともに全体の3割程度を占め，施設ブドウの中心地域であった。だが10年のシェアは，忠清北道22％，慶尚北道32％と両者の間に10ポイントの差がつき，施設ブドウの中心が慶尚北道に移行しつつある。なお，慶尚北道における露地と施設の割合（10年）は，農家数・経営面積ともに露地9割強，施設1割弱と露地が圧倒的に多い。

さらに，モモの生産状況をみると（**表2-7**），2000年の全国農家数は3.2万戸・経営面積1.3万haであったが，10年には農家数が2.6万戸に減少している。だ

(単位：戸，ha)

	施設ブドウ				
2000年		05年		10年	
農家数	面積	農家数	面積	農家数	面積
3,249	1,210	4,213	1,782	4,542	2,127
126	49	249	81	417	177
99	16	85	27	117	39
821	300	1,217	547	1,021	475
420	158	305	138	310	157
344	134	556	240	665	376
240	75	224	82	162	66
817	340	1,188	507	1,461	672
132	57	115	73	118	58
35	10	22	8	11	3
215	71	252	79	260	103

が経営面積は1.3万haと同じであるため，1戸当たりの経営面積は00年0.40haから10年0.51haへ拡大している。地域別では，慶尚北道のみ農家数が1万戸を超えており，2010年で全体の4割強を占めている。また，経営面積も慶尚北道が5,000～6,000haと最も多い。だが，全体に占める割合は，00年の49.2％から徐々に低下し，10年は38.4％となっている。それに代わり，忠清北道が経営面積を増やし，10年には全体の27.4％を占めるまでになっている。

韓チリFTAでは，季節関税の導入によりチリ産ブドウの輸入時期と施設

表2-7 地域別にみたモモ生産の推移

(単位：戸，ha)

	2000年		05年		10年	
	農家数	面積	農家数	面積	農家数	面積
全国	32,434	12,934	33,472	14,696	26,385	13,381
京畿道	1,639	770	2,458	1,210	2,012	1,204
江原道	1,499	720	1,636	896	1,317	761
忠清北道	4,976	2,210	6,514	3,503	5,722	3,665
忠清南道	2,073	779	2,246	954	1,501	699
全羅北道	1,918	908	1,970	1,038	1,392	894
全羅南道	1,535	453	1,302	380	795	302
慶尚北道	16,218	6,367	13,937	5,874	11,186	5,144
慶尚南道	1,406	355	1,451	337	946	263
済州道	5	1	4	0	5	3
特別・広域市	1,165	371	1,954	504	1,509	447

資料：『農業総調査』及び『農林漁業総調査』（各年版）より作成。
注：「特別・広域市」は，ソウル特別市及び釜山等の広域市を合わせたものである。

ブドウの生産時期とが重なるため,施設ブドウへの大きな影響が予想され,またモモの輸入も増加すると予測されたことから,両品目に対して廃業支援などの対策が講じられていた。

ところが以上のデータ分析から,次のように整理することができよう。第1に,チリ産ブドウの輸入増加にもかかわらず,施設ブドウの経営面積は2000～10年の間にむしろ1.8倍に増加していることである。第2に,露地ブドウの経営面積が2000年に比べ減少していることである。第3に,モモは実際にチリからの輸入がなかったにもかかわらず,農家数・経営面積ともに05～10年の間に減少していることである。第4に,競争力強化の側面から施設ブドウ及びモモでは,1戸当たり経営面積が拡大しており,一定の構造改善がみられたことである。

以上の特徴を念頭におきつつ,ブドウ(露地・施設)・モモともに生産が特に盛んである慶尚北道永川市(ヨンチョン)の実態調査を通じて,上記の変容の再確認・再検証を試みることにする。

(2) 現地調査からみる果樹農業の変容―慶尚北道永川市

①永川市農業の概観

永川市は,慶尚北道の南東にあり,韓国第3の都市である大邱(テグ)広域市の東に位置している。世帯数は1.3万戸,人口は10.8万人で慶尚北道の中核都市であり,農業や観光業が盛んである。

2010年の農家数は12,974戸,経営面積は10,622haである。このうち果樹がそれぞれ59.1%・45.8%占めており(全国では21.2%・12.3%),露地ブドウ3,949戸・1,858ha,施設ブドウ131戸・40ha,モモ2,750戸・1,360haである。キウイの栽培はなく,ブドウは品質面において韓国全体でも上位に入る産地である。

そこで以下では,永川市の琴湖(クモ)邑を対象に,施設ブドウ・露地ブドウ・モモを栽培する3農家の経営実態と廃業支援,FTAの影響などについてみていくことにする。

第2章　韓チリFTAと果樹農業への影響

②Aさん

　Aさん（54歳）の居住する徳城里（トクソン）は，邑の中心地であるため世帯数が1,000戸と多く，そのうち農家数は約100戸である。農家の多くが露地ブドウ農家であり，その他は施設ブドウ13戸，モモ3〜4戸，アンズ4戸などである。

　世帯員数は，Aさんと妻，長男（29歳）の3人である。長男は会社員で週末は農作業に従事しており，将来は農業を継ぐ予定である。そのため現在の農業労働力の中心はAさん夫婦の2人であり，収穫期に1ヶ月間（1日3人）臨時雇用を入れている。

　経営面積は167ａで，いずれも所有地である。このうち40ａは，不動産屋の斡旋で離農農家から2009年に10ａ当たり4,500万ウォンで購入した水田で[8]，現在は露地ブドウを栽培している。徳城里の周辺では，購入ではなく借地による規模拡大が一般的である。しかしAさんとしては，借地の場合，ブドウの木などを植栽したあとに突然農地の返還を要求されるなど不安定な状態におかれる可能性があるため，農地購入による規模拡大を選択している。加えて，現在琴湖邑の農地の約3割は，投機目的で都市住民が所有しており，今後投機目的による農地価格の上昇が見込まれることも，農地購入を選択する理由の1つである。

　経営品目は，露地ブドウ80ａとアンズ87ａである。このうちアンズの67ａは，2006年に廃業支援金を受けて，施設ブドウから転換したものである。アンズへの転換は，韓チリFTAにより施設ブドウの価格が下落すると予想したことも関係する。だが，より大きな理由としては，ブドウの木は最初の2〜3年で太く育ち，その後4〜6年で木が衰え収量や品質が低下し，十分な利益をあげることができなくなったためである。通常100ａで施設ブドウを栽培すれば1,500万ウォンの利益になる。だが，老木では1,500万ウォンに届かなくなったため，Aさんは廃業支援の導入を画期に施設ブドウからアンズに転換している。当初は，廃業支援初年の2004年に受給したかったが，限られた予算内で申請者も多かったため，実際に受けたのは06年である。

　徳城里周辺の施設ブドウ200棟のうち約3分の1が，Aさんのように廃業

支援金を受給し，施設ブドウから主にアンズやスモモ，クワの実などに転換している。Aさんがアンズを選択した理由は，下記の5点に整理できる。第1は，現在の韓国ではアンズの栽培農家が少なく，そのためアンズ価格が高いということである。第2は，施設ブドウとアンズを比較すると，労力的には施設ブドウもアンズも大差はないが，生産コストは施設ブドウが粗収益の25％，アンズは同30％である。その粗収益は，施設ブドウで10a当たり1,000万〜1,250万ウォンであるのに対し，アンズは2,000万〜2,250万ウォンと約2倍であり，施設ブドウよりもアンズの方が収益性がよいためである。第3は，アンズは木が生長し枝が伸びても，施設ブドウとは異なり収量が落ちないということである。第4は，アンズはチリ以外のFTAも含め，輸入がなく直接的な影響を受けないためである。第5は，施設ブドウと同水準の収益となる品目は，露地ブドウ以外にはアンズかブルーベリーしかなく，選択肢が限られているためである。

その一方で，上記の有利性から韓国国内でのアンズ栽培が拡大すれば，あるいはFTAと競合する品目からアンズ栽培に転換する農家が増えるなどの間接的影響が強まれば，今後アンズ価格が低下する可能性も否定できないとみている。

韓チリFTAについては，施設ブドウの価格は1％下がった程度で，ほぼ同水準の価格が維持されており，価格の低下も韓チリFTAの影響ではなく，ここ数年の気候問題や老木のため収量や品質が低下したことが原因とAさんはみている。また，FTA自体は世界的な潮流であるのでやむを得ないが，FTAで利益を得るのは輸出大企業であり，その利益を原資に国が農業支援をする必要があるとみている。

③Bさん

Bさんの住む新月里(シノル)の農家数は200戸で，露地ブドウが最も多く施設ブドウは10数戸程度と少ない。

Bさんは44歳で，妻と長男（20歳），長女（13歳）の2世代世帯である。

長男が農業を継ぐかどうかは本人次第であるが，現在大学で食品関係を専攻しており，仮に農業を継がなくても専攻を活かして自家農業の販売面で連携できればと考えている。したがって，現在の家族農業労働力はBさん夫婦の2人のみであり，農繁期には臨時雇用を延べ70人ほど入れている。

　Bさんは大学で農業を専攻してのち，22歳で新規就農している。父親は現在まで会社経営をしており，農業はBさんが最初である。はじめは養豚をしていたが，夫婦2人では労力的に厳しくなったため養豚を廃業し，養豚で貯めた資金を原資に農地を購入して2001年から露地ブドウを開始している。

　現在経営面積は123aで，そのうち所有地が7割，借地が3割である。借地は露地ブドウを開始した2001年からおこなっている。借地は，長期契約が可能な親戚からできるだけ借りるようにしており，ブドウの木が悪くなった時にちょうど借地契約が終了するように逆算して契約期間を考えている。借地は，地権者が手続きを面倒くさがるなどの理由で韓国農漁村公社を通さず[9]，相対によるものである。小作料は，周辺の農地価格が高いため10a 30万〜45万ウォンと高額である[10]。

　経営品目は，露地ブドウ83a，施設ブドウ40aであり，品種はキャンベルを中心に巨峰とMBAをつくっている。当初123aすべてで露地ブドウを栽培していたが，2004年から40aを施設ブドウに転換している。露地ブドウは半分の面積で低農薬栽培（親環境農業）に取り組み，親環境直接支払いを受けている。施設ブドウへの一部転換は，収穫時期に集中する労力の分散を図るためのものであり，それ以外の品目は栽培経験や知識がないため当初から対象外であった。Bさんとしては，施設ブドウの開始が韓チリFTAの時期と重なるが，チリ産ブドウの品質がよくないことや，韓国人の味の好みと異なるため影響はないとみている。施設ブドウも低農薬栽培（親環境農業）に取り組んでいるが，11年から低農薬の新規認証が中断されているため，施設ブドウでは親環境直接支払いを受けていない。

　収穫したブドウはすべて地域農協に出荷し，価格は市場の競りで決定される。Bさんによると，韓チリFTAが発効した2004年のブドウ価格は2kgで

1.0万ウォン弱であったが，11年には1.4万〜1.8万ウォンに上昇している。ただし，11年は凍害で収穫量が30％減少したことが大きく影響している。FTA発効前は，品質に関係なくほぼ同じ価格が付けられていた。しかし，FTA発効後は栽培技術を向上させ，品質・形がよくなった農家も少なくなく，その結果品質の優劣で価格差が生じるようになっている。なお，露地と施設あるいは慣行栽培と低農薬栽培（親環境農業）による価格差はほとんどなく，ブドウの品質や形が価格決定の重要な要素とのことである。収益性では，稲作よりも果樹の方が約3倍高く，施設ブドウよりも露地ブドウの方が収益性がよいとのことである。施設ブドウは，ハウスなど投資費用が嵩むことに加え，ビニールの張り替えなど作業も多く労力的に厳しいとのことである。

　Bさんは，2004年から施設ブドウに着手したこともあり，廃業支援には申請していない。しかしBさんの周辺には，老木を理由に施設ブドウをやめて，廃業支援金を受給している農家も少なくない。そのため実際に離農した農家は少なく，施設ブドウから露地ブドウに転換した農家が多い。その他にはアンズや野菜に転換した農家もいるが，廃業支援金の罰則期間が終了する6年目から施設ブドウに回帰する農家も存在する。

　Bさんの今後の展開としては，現在の経営を5年かけて構築してきたので，あと10年は現在の状態をつづけるつもりである。また，韓チリFTAでは，当初チリ産ブドウの輸入でブドウ農家はダメになるといわれていたが，実際は高品質のブドウを生産している農家は高い価格をつけており，その結果先述した品質差と価格差が生じるようになった。FTA自体は世界の流れでBさんとしては賛成しており，キャンベルはアメリカへの，巨峰はフィリピンやシンガポールなどASEANへの輸出が広がると期待している。その一方で中国とのFTAは，生食用で競合し出荷時期も重なるとともに，価格面で競争するのが厳しいと認識している。

④Cさん

　Cさんの居住する元基里(ウォンギ)は，農家数70戸で施設ブドウ農家はほとんどおら

ず，モモ農家が40～50戸を占めるモモの盛んな地域である。モモ農家は60～70歳が中心であり，農業後継者を確保している農家は少ない一方で，若い農家は離農農家の農地を借地して規模を拡大している。

Cさんは41歳で，もともと大邱広域市で会社員をしていたが，父親が他界したため2004年に元基里に戻り農業を継いでいる。家族農業労働力はCさんと妻，母の3人であり，農繁期には3人を臨時雇用している。子供は長男（14歳）の1人だけである。

経営面積は，モモ267 a とナシ33 a の計300 a である。モモ・ナシともに父親の代（約40年前）からはじめている。ナシは2000年まで67 a で栽培していたが，01年に半分をモモに転換している。モモは，韓チリFTAを発効した04年に100 a 栽培していたが，地権者が高齢化や都市への移住などを理由に離農した農地で，経営地に近い場所を借地あるいは購入し現在の規模に到達している。栽培面積の約2割で親環境農業として低農薬栽培をしており，親環境直接支払いを受けている。その一方で，廃業支援金は受けていない。

ナシはすべて借地で栽培しており，モモは6割の160 a が借地である。小作料は10 a 当たり30万ウォンで，借地は相対によるものと韓国農漁村公社を通じたものとが半分ずつである。相対で借地するのは，地権者が知人や近隣住人なので堅苦しいことを嫌がることや，手続きが煩雑で手数料もあって公社を敬遠するためである。借地の際は，廃業支援金を受けた農地ではモモを栽培できないので，廃業支援金を受給していない農地を借りている。傾向としては，高齢農家の経営規模は現状維持であるが，若い農家は生産量を確保できないと流通業者と対等な価格交渉力をもてないため，規模を拡大する農家も少なくない。その一方で，永川市は都市開発や投機目的による農地価格の上昇がみられ，その結果小作料も上昇しつつある。

また，直近5年間での農地購入は40 a であり，10 a 当たり3,600万ウォンで購入している。モモは一度植栽すると20年くらい収穫が可能である。韓国農漁村公社を通じた借地契約の場合，5年あるいは10年契約となるため，モモを育て上げても契約更新しないといわれれば努力が水泡に帰すことになる。

そのため借地の場合，先述したように相対と公社による借地を半分ずつにしてリスクを分散するとともに，一番よい品種は所有地で栽培するようにしている。Cさんとしては，今後資金を貯め，借地ではなく農地購入による規模拡大を計画している。

　出荷先は，農協が50％，直接販売30％，個人商人20％の割合である。2011年の農協の価格は，4.5kg当たり1.0万～1.2万ウォンであり，04年と比較してもほとんど変動していない。また，低農薬栽培でも1.5万ウォンと大きな価格差はない。他方，直接販売の場合，価格は3.0万ウォンと最も高く，個人商人は2.0万～2.3万ウォンである。Cさんによると，韓国では，流通業者のマージンが膨らむ構造になっているため，直接販売に力を入れて収入を高めるとともに，マージンがなくなることで消費者にも安く提供できる仕組みを広めていきたいと考えている。

　韓チリFTAについては，モモは生食用で貯蔵性も低いため輸入されても影響はほとんどなく，韓EU FTAにおいてもワインや加工用が中心なので生食用の影響はないとみている。中国とのFTAについては，価格や栽培時期が重なるため脅威であるが，生食用は品質が最も重要であるためその点において楽観的に考えている。むしろ，韓国のモモはすでにシンガポールや台湾に輸出しており，FTAによって今後輸出の可能性が開かれるとみている。

⑤小括

　以上，農家3戸の経営状況をみてきた。そこからいえることは，第1に，韓チリFTAを画期として高齢農家等に離農を促し，経営意欲のある専業農家に農地を集積することを目的とした廃業支援金であったが，離農による受給はほとんど皆無であった。廃業支援金については次の（3）に譲るが，施設ブドウの場合，多くがブドウの木が老木になった時期と廃業支援金の導入時期とが重なったことで，これを機に廃業支援金を受け施設ブドウから他品目へ転換したというのが実態であり，FTAの影響により廃業支援金を受け離農したわけではなかった。

第2に，チリ産のブドウは韓国産に比べ品質が劣ることや，韓国人の好みと違うことなどから韓チリFTAの影響を危惧していたわけではなく，実際FTAによる価格低下の影響はみられないとのことであった。むしろ，これまでブドウの品質・形に関係なくほぼ同一価格がつけられていたが，栽培技術や品質の向上によりブドウ価格にも差が生まれるようになり，価格が上昇しているとのことであった。

第3に，ブドウ・モモともにFTAの締結による輸出機会の拡大に期待していた。

永川市はブドウやモモの産地であり，かつ他の道に比べ生産性が高く，経営意欲のある若い専業農家も多いことから，規模の拡大や栽培技術・品質の向上といった競争力の強化でFTAに対抗していた。一方で穀物とは異なり，ブドウ・モモといった生食用果実については，鮮度や味の好み，貯蔵などの点で，比較的明確に国産・海外産の有利・不利が明らかとなるため，その分FTAの影響が限定的であったといえよう。

(3) 廃業支援の活用実績—永川市

表2-8は，永川市における廃業支援の実績を，事業期間である2004～08年までみたものである。施設ブドウは，5年間で総計83戸・23.4haが廃業支援金を受けている。これは05年の永川市における施設ブドウ農家の36.7％，面積で31.2％に相当し，3割を超える規模で廃業支援金を受けていることになる。年別にみると，04年の実績はゼロである。これは，1戸当たり金額が約3,000万ウォンとモモの2倍，10a当たり金額も1,000万ウォンとモモの3倍の水準であるように，補償金額が大きいことから準備に慎重を期したためである。その後，05年にまずは4戸・0.9haから開始している。本格始動後，補償金額が大きいため申請者が殺到し，その結果年齢や経営規模などを点数化して高齢農家や小規模農家を優先的に対象としている。先述したAさんが，当初希望よりも廃業支援金を受け取ることが遅れた理由も，この順番待ちのためである。

表 2-8　永川市における廃業支援の実績

		総計	2004年	2005	2006	2007	2008
施設ブドウ	農家数(戸)	83	0	4	37	40	2
	面積(ha)	23.4	0	0.9	10.0	12.0	0.6
	金額(億ウォン)	24	0	0.9	10.3	12.5	0.6
モモ	農家数(戸)	2,177	387	494	772	472	52
	面積(ha)	705.9	77.4	156.5	273.9	176.6	21.5
	金額(億ウォン)	239	26.7	51.9	94.3	58.9	7.1
施設ブドウ	1戸当たり金額(万ウォン)	2,935	0	2,229	2,795	3,133	2,980
	10a当たり金額(万ウォン)	1,042	0	1,044	1,039	1,044	1,044
モモ	1戸当たり金額(万ウォン)	1,097	689	1,050	1,221	1,248	1,373
	10a当たり金額(万ウォン)	338	345	331	344	334	332

資料:「永川市果樹園廃業支援資料」より作成。

　他方，モモは2,177戸・706haが5年間で廃業支援金を受給している。2005年のモモ農家は3,325戸・1,543haであることから，それぞれ全体の65.5％・45.8％に相当する。つまり，永川市のモモ農家の多くが廃業支援を受けていることになる。1戸当たり金額は1,000万ウォン，10a当たり金額は300万ウォンと施設ブドウよりも少なく，これは両者の収益性の相違が反映された結果である。年別では，最も多いのが06年の770戸・270haであり，最終年を除き毎年一定量の実績が確認できる。

　施設ブドウ・モモともに廃業支援の申請理由の約7割が，ブドウやモモの木が老木となったためこれを機会に老木を処分するケースであり，残り3割が高齢化を理由とした離農である。前者の場合，廃業した品目を5年間つくることができないため，アンズやリンゴ，ゴマ，ジャガイモ，野菜類などに転換した農家（Aさんのケース）や，モモから露地ブドウへ転換したケース，モモと露地ブドウの複合経営が露地ブドウに一本化した農家も少なくない。加えて留意すべきは，廃業支援金の要件の縛りがなくなる6年目以降に，再びもとの施設ブドウやモモの栽培に復帰する農家も少なからずいるということである。

　他方，離農した農家3割のうち半分（1.5割）が，経営主が70代で経営規模も15～50aと小規模な高齢農家であり，その面積の半分が周辺農家に貸し

第2章 韓チリFTAと果樹農業への影響

出され,もう半分が廃園になっている。離農した農家の残り半分(1.5割)は,経営主はリタイアするが子供が農業を継いでいる。これは,ソウルなどの大都市で会社員をしていたが不況により帰農するケースや,高齢化した親の面倒をみるためのUターンなどである。したがって農業経営の観点からみると,先の7割の他品目への転換と同じケースといえる。

6．対チリ貿易の実績—FTA発効後

(1) 貿易全体の変容

図2-1は,韓国とチリの貿易実績について,FTA発効前の2003年及び発効1年目の04年,5年目の08年とそれ以降の推移を示したものである。

チリへの輸出は,2003年に5.2億ドルであったが,04年には36.9％増の7.1

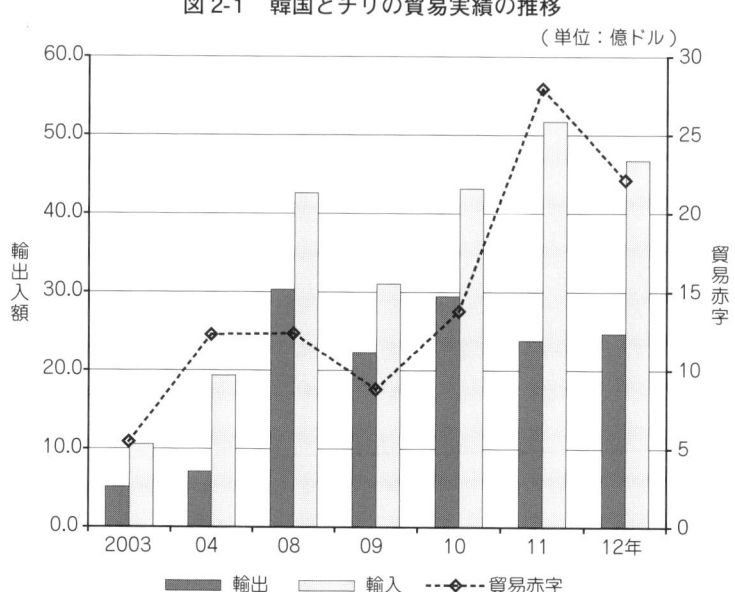

図2-1 韓国とチリの貿易実績の推移
（単位：億ドル）

資料：『貿易統計年報』（各年版）より作成。

億ドルに増え，08年には最高の30.3億ドルを記録し，その後09年からは20億ドル台で推移している。したがって，チリへの輸出に関しては，FTA発効後5年目までに輸出が急増したのち，一定水準で維持していることが分かる。これは，発効後5年以内にチリの工業製品の71.9％で関税が撤廃されたこと（即時撤廃のみで30.6％）が大きく影響しており，発効後10年目にはさらに1,180品目の関税が撤廃されるため輸出が増えるものと予想される。しかし，韓国の輸出総額に占めるチリの割合は，03年の0.3％が12年の0.5％へわずかに増えたに過ぎない。換言するとこの間，韓国の輸出全体はチリと同じスピードで拡大しているということである。

ところでチリへの輸出に関しては，対外経済政策研究院の「貿易投資政策室FTAチーム」の研究員がより踏み込んだ輸出増加の特徴を明らかにしている[11]。それは第1に，輸出品目数が2003年の1,118品目から08年の1,495品目へ33.7％増加しており，輸出品目の幅が広がっているということである。第2に，韓チリFTAにより新たにチリへ輸出を開始した企業が増加しているということである。04年の新規企業は399社で全輸出企業の34.4％を占めていたが，08年には2.2倍の892社となり，そのシェアも65.8％へ上昇している。その結果，第3に新規企業の輸出額が2004年の2,020万ドル，全輸出額の4.3％に過ぎなかったが，08年には12億5,920万ドルにまで急増し，その割合も45.0％にまで高まっている。第4に，大企業ではなく中小企業による輸出額が増加しているということである。大企業の対チリ輸出額は，03年の1億2,620万ドルから08年の9億6,800万ドルへ5.6倍に増えている。他方，中小企業は2億1,010万ドルから18億3,260万ドルへ7.7倍の増加である。その結果，輸出額に占める中小企業の割合も59.0％から65.4％へ拡大している。

このような輸出品目の拡大と，新規企業の参入及び中小企業への経済効果などを踏まえ，同研究員は以上を韓チリFTAによる肯定的波及効果として評価している。しかし，本論文のデータを1企業当たりの輸出額で見直すと異なる様相がみられる。2008年における既存企業のそれは332万ドルであるのに対し，新規企業は141万ドルと既存企業の方が2.4倍の輸出額を有してい

る。同様に，大企業の1企業当たり輸出額は中小企業の5.7倍である。つまり，全体像にみる新規企業や中小企業の輸出増加への貢献は，多数の新規企業あるいは中小企業が薄く輸出した結果であり，1企業当たりの輸出額でみれば既存の輸出大企業に経済的恩恵が集中しているのが実態である。

FTA発効後のチリからの輸入については，2003年の10.6億ドルが04年に19.3億ドルへ82.8％増加しており，輸出を上回る規模である。5年目の08年に42.6億ドルに，12年には46.8億ドルまで増えている。その結果，韓国の輸入総額に占めるチリのシェアは，03年の0.6％から12年には0.9％へ拡大している。

他方，貿易収支をみると，2003年の貿易赤字は5.4億ドルであったが，04年には12.3億ドルへ赤字額が2倍強に膨らんでいる。09年には輸入が10億ドル減少したこともあり，貿易赤字が8.7億ドルへ減少しているが，10年には13.7億ドルに，11年には最高の27.9億ドルへ増加し，12年は低下したとはいえ22.1億ドルを記録している。

当然為替レートの変動や両国及び世界経済の状況など様々な要因が複雑に関係しているであろうが，少なくとも韓チリFTAの発効後に輸出・輸入ともに急増しているのは事実であり，貿易実績の増大を韓チリFTA効果と位置づけることができる。その一方で，韓国政府は貿易赤字が毎年約3億2,000万ドル改善すると試算していたが，実態はFTA発効前の貿易赤字が縮小，あるいは黒字化したわけではなく，むしろその赤字幅を最大で5.2倍に拡大させており，貿易収支の面からは韓国側にはFTAによる効果を確認することはできない。

表2-9は，2012年の輸出入上位10品目についてみたものである。輸出の1位及び2位の品目は自動車が占めており，03年に比べ乗用車は8.8倍，貨物自動車も6.2倍に大きく増えている。輸出総額に占めるシェアでは乗用車が42.0％（03年22.6％）を占め，貨物自動車のシェアの7.6％を大きく引き離している。3位の石油及び歴青油は2倍の増加を記録しているが，シェアを7.1％と03年の15.9％から大きく低下している。また，03年には10位圏外であ

表 2-9　韓国とチリの主要貿易品目（2012年）

			輸出			
順位	品目番号	品目名	金額	シェア	03年順位	変化率
1	8703	乗用車	103,817	42.0	①	788
2	8704	貨物自動車	18,807	7.6	④	524
3	2710	石油及び歴青油	17,424	7.1	②	113
4	3901	エチレンの重合体	9,192	3.7	③	168
5	8708	自動車部品	6,156	2.5	⑥	225
6	7210	鉄	6,063	2.5	−	770
7	7419	その他銅製品	4,674	1.9	−	233,590
8	4011	ゴム製タイヤ	4,552	1.8	−	392
9	2807	硫酸	4,193	1.7	−	41,831
10	2523	水硬性セメント	4,028	1.6	−	−
		総計	246,934	100.0		377

資料：『貿易統計年報』（2012年）より作成。
注：1）品目名は，代表的なもののみ記している。
　　2）前回順位の「−」は，2003年において上位10位圏外であることを示している。
　　3）変化率は，2003〜12年の変化である。
　　4）変化率が「−」なのは，2003年の輸入実績がゼロであったためである。

った5品目が12年にはトップテンに入っており，特にその他銅製品及び硫酸は急激に増えている。輸出総額に占める上位10品目の割合は72.5％であり，03年の70.0％とほとんど変わらない。だが，乗用車のシェアが20ポイント上昇していることから，乗用車を除く上位9品目のシェアは低下している。

他方，輸入の1・2位の品目は03年と入れ替わり，1位銅鉱，2位精製銅・銅合金である。特に銅鉱は大きく増加したため，輸入総額に占めるシェアも03年に比べ15ポイント程度高めているが，精製銅・銅合金は18ポイント落としている。総体的には，輸出ほどの大きな品目の変動が生じているわけではなく，粗銅，木材，炭酸塩のみ03年の10位圏外から入ってきた品目である。上位10品目のシェアは91.3％を占め，03年の93.6％とほぼ同じである。

このように上位10品目に限定してみると，輸出は乗用車の一極集中化が進むとともに，それ以外の9品目はシェアを大きく低下させていることから，幅広い品目が薄く輸出の恩恵を受けているといえる。このことは，先述した既存の輸出大企業に経済的恩恵が集中し，多数の新規企業あるいは中小企業

第2章　韓チリFTAと果樹農業への影響

（単位：万ドル，%）

順位	品目番号	品目名	輸入 金額	シェア	03年順位	変化率
1	2603	銅鉱	164,320	35.1	②	650
2	7403	精製銅・銅合金	141,723	30.3	①	178
3	7402	粗銅	39,323	8.4	－	－
4	4703	化学木材パルプ	26,069	5.6	④	219
5	0203	豚肉	12,466	2.7	⑤	314
6	0806	ブドウ	11,813	2.5	⑥	765
7	2613	モリブデン鉱	10,504	2.2	⑩	919
8	4407	木材	7,413	1.6	－	742
9	2608	亜鉛鉱	6,892	1.5	⑨	554
10	2836	炭酸塩	6,486	1.4	－	4,813
		総計	467,646	100.0		342

が薄く輸出している姿と符合しよう。他方，輸入は品目間の大きな順位変動がなく，輸入総額に占めるシェアも大きな変動がみられないことから，輸入品目の固定化・安定化をみせつつ，その額が大きく増加していることを確認できよう。

（2）農産物への影響

　韓チリFTAにより影響が強く生じると予測されたブドウ，キウイ，モモの3品目と主要輸入品目である豚肉が，FTAの発効によってどのように変容したのかをみたのが表2-10である。表には，FTA発効前年の2003年と廃業支援が終了する08年及び11年（ただし輸入量のみ12年）のデータを記している。

①ブドウ

　ブドウの輸入量は，2003年で11,332トンあり，このうちチリが9,138トンと

69

表2-10 韓チリFTA発効後の主要農産物の変化

		2003年			2008年			2011年		
		面積・頭数 (ha) (万頭)	輸入量 (トン)	農家販売 価格指数	面積・頭数 (ha) (万頭)	輸入量 (トン)	農家販売 価格指数	面積・頭数 (ha) (万頭)	輸入量 (トン)	農家販売 価格指数
ブドウ (チリ)		☆ 23,160 ※ 1,641	11,332 (9,138)	100.0	☆ 16,416 ※ 1,824	32,483 (29,452)	115.4	☆ 14,978 ※ 2,467	45,189 (39,179)	114.6
キウイ (チリ)		873	12,849 (1,536)	100.0	1,055	29,085 (2,540)	80.4	1,122	28,944 (8,805)	106.6
モモ (チリ)		15,887	0 (0)	100.0	12,638	0 (0)	77.8	13,795	12 (0)	109.6
豚肉 (チリ)		923	121,778 (15,261)	100.0	909	323,597 (32,058)	167.7	988	380,927 (37,055)	259.8
ブドウ (チリ)					☆ -29.1 ※ 11.2	186.6 (222.3)	15.4	☆ -8.8 ※ 35.3	25.4 (32.9)	-0.7
キウイ (チリ)					20.8	126.4 (65.3)	-19.6	6.4	-0.5 (246.7)	32.6
モモ (チリ)					-20.5	0.0 (0.0)	-22.2	9.2	— (0.0)	40.8
豚肉 (チリ)					-1.5	165.7 (110.1)	67.7	8.7	17.7 (15.6)	55.0

資料:『貿易統計年報』,『農林水産食品統計年報』,『農林水産食品主要統計』, 韓国農村経済研究院「観測情報」より作成。
注:1)( )内はチリからの輸入量を示している。
  2)「☆」は露地ブドウ,「※」は施設ブドウを示している。
  3)2011年の輸入量のみ12年の数値である。またデータの制約上,キウイは10年の数値を用いている。
  4)下段は,2003~08年の変化率及び2008~12年の変化率を示している。
  5)農家販売価格指数は,2003年=100.0としたものである。

全体の80.6%を占めている。それが08年には全体で180%増の32,483トンとなるのに対し,チリは増加率220%と急増して29,452トンとなり,そのシェアも90.7%に高まっている。輸入量の増加傾向は08~12年でも継続し,全体及びチリともに30%前後の増加率を記録している。その結果,チリからの輸入は4万トン近くにまで増え,全体に占める割合も86.7%と依然高い。

栽培面積は,施設と露地とでその動きが大きく異なる。当初,輸入の打撃が大きいとされ廃業支援の対象となった施設ブドウは,2003年1,641haから08年1,824haへ,逆に11.2%増加している。それが11年にはさらに35.3%増え2,467haとなり,全体に占める施設ブドウのシェアも14.1%(03年は6.7%)に拡大している。

こうした動きは,1つには施設ブドウの収益性が高いため,規模の拡大や新規参入が進み施設ブドウの栽培面積が増加したためとみられる[12]。いま1つは,先に記したように季節関税を採用しているため,チリ産ブドウは11~4月まで低関税で輸入することができる。2007~10年の平均でみると,4

月の輸入量だけで13,196トンと年間の42.7％を占め（月平均は2,577トン），11〜4月では全体の4分の3に達している[13]。だが，永川市での実態調査によれば，チリ産ブドウの輸入が本格化する前に前倒しして施設の暖房を入れ，早く出荷し調整する農家もいる。その一方で，輸入業者が4月末までに大量のチリ産ブドウを輸入し冷蔵保存したのち，5月以降に低価格で販売するケースもみられる。逆にそれとの競合を避けるために，4〜5月頃に終了する施設ブドウの出荷時期をうしろにずらして対応する農家もいる。このような様々な要因と対応が，施設ブドウの栽培面積の増加に寄与している。

そして，施設ブドウの出荷時期を調整したしわ寄せが，季節関税によりチリ産ブドウから守られているはずの露地ブドウに押し寄せる「玉突き現象」と，一般的には施設ブドウよりも収益性が劣ることから，露地ブドウの栽培面積は2003年の23,160haから約3割減の16,416haとなり，11年には14,978haへ減少している。

また農家販売価格は，2003年に比べ08年は15.4％上昇し，11年は08年よりマイナスであるが大きな変化はみられない。このように安価なチリ産ブドウが急増しているにもかかわらず，価格はいまのところ低下していない。ただし，品種によって価格が二極化している点に留意する必要がある。現在生産面積の7割を占めるキャンベルの価格は緩やかに上昇しているが（05年100.0→11年113.1），巨峰（同100.0→37.5）やMBA（同100.0→28.4）などは価格が暴落している。

②キウイ

2003年のキウイの輸入量は，全体で12,849トンであり，そのうちチリが1,536トンと全体の12.0％を占めている。5年後の08年には，輸入量全体は29,085トンに増加し，チリも2,540トンに増えている。しかし，この間の全体の増加率が126.4％であるのに対し，チリのそれは65.3％と半分に過ぎないため，チリのシェアは8.7％に低下している。このように輸入が増えるなか，キウイの生産面積は08年には2割増加して1,000haを超えているのに対し，

農家販売価格は2割低下している。この価格低下は，生産面積の増加に加え，07年のキウイの豊作が08年の価格低下をもたらしている[14]。

　生産面積の増加は，2010年までつづき1,122haまで拡大し，価格も08年が低価格だったこともあり3割上昇している。ただし，キウイの生産面積は，韓国の果樹生産面積の1％にも満たないため，全体に与える影響は極めて限定的である点に留意する必要がある。輸入量は，韓国全体では08～12年の間で0.5％減であったが，チリからの輸入は3.5倍に大きく増えている。その結果，チリのシェアも30.4％へ再び高まっている。

③モモ

　2003年のモモの輸入量は，チリからだけではなく，韓国全体でも0トンと輸入はない。しかし韓チリFTAを画期に，モモの生産が盛んなチリからの輸入が増えると予測され，それ故に廃業支援の対象品目としてモモを選定していた。ところが，植物検疫の問題で輸入禁止となるなど政府当局の予想が外れたことで，12年においてもいまだチリからの輸入はゼロのままである。

　そのため生産や農家販売価格に対し，モモの輸入による直接的な影響が生じたわけではない。しかし，生産面積は2003年の15,887haが08年には2割減の12,638haとなり，価格も2割ほど低下している。その後11年までには回復し，08年に対し面積で9.2％の増加，価格は40.8％と大きく上昇している。その一方で，FTA発効前の03年と比べると，面積は1割強減少し，逆に価格は1割ほど上昇している。このような動きをみせる要因の1つには，永川市の事例でみたように廃業支援の活用が関係している。

④豚肉

　2003年の豚肉の輸入量は12.2万トンで，そのうちチリが1.5万トンと全体の12.5％を占めている。それがFTA発効後，チリからの輸入量は03～08年で増加率110％と急増し，08～12年も15.6％の増加率を記録している[15]。しかし，韓国全体の増加率はそれを上回るため，輸入量全体に占めるチリ産の割合は

03年の12.5％から08年9.9％，12年9.7％へむしろ低下している。そのことは，韓チリFTAの発効により豚肉の輸入量が増大したということ以外に大きな要因があることを示している。

　1つには2003年にアメリカで狂牛病が発生し，アメリカ産牛肉の輸入が禁止されたため国内豚肉への代替需要が急増したことや，韓国国内でも2010年末に発生した口蹄疫により家畜が処分されるなど，国内外における家畜疾病が輸入の増大に大きく影響している。いま1つは，韓国の最大の豚肉輸入国であるEUと2011年7月にFTAを発効している。表中の11年実績（輸入量は12年実績）には韓EU　FTAの影響も含まれており，これについては再度第4章でみることにする。

⑤限定的な影響の背景

　先に記した表2-4では，韓チリFTAによりブドウ・キウイ・豚肉の生産量・価格・生産額はいずれも減少すると予測していたが，施設ブドウや豚肉はむしろ生産規模を拡大していた。価格も豚肉は大きく上昇し，ブドウの価格も品種による差はあるが全体的には緩やかにあがり，キウイ及びモモは一度減少したのち上昇に転じている。

　また，先述した慶尚北道永川市の調査でも，FTAの影響により施設ブドウをやめた農家はほとんどなく，ブドウの老木を画期とした廃業支援金の受給と時限的な施設ブドウからの転換というのが実態であった。そして転換した農家が，廃業支援金の要件が切れる6年目に再び施設ブドウに戻るといった動きも少なからず存在した。さらに，規模拡大，生産性の向上，品質向上などの取り組みによりブドウ価格は上昇しており，韓チリFTAによるブドウ価格の低下はみられなかった。ただし，季節関税で保護されている露地ブドウは，施設ブドウの「玉突き現象」により間接的な影響を受けていた。

　以上の動きをみる限り，総じて韓チリFTAによる上記農産物への直接的な影響はかなり限定的であったということができる。そしてそのことが，チリ以降の更なるFTAの推進とFTAに対する国民の抵抗感の希薄化につなが

っている。

　このように影響が限定的であったことには，次のことが関係している。第1は，地理的に遠いチリからの輸入は，輸送中に果実の水分が蒸発し新鮮度が落ちる傾向にあるため，ブドウやキウイなど生食用の果実では予想ほど需要が増加しなかったことである。

　第2は，好みの問題である。チリ産ブドウは，レッドグローブやトンプソンシードレスといった比較的甘みのある品種が主流である。それに対し，韓国では先述したキャンベルなど甘酸っぱい品種が中心である。韓国人の好むブドウが甘酸っぱい味の国産ブドウであることも，輸入の影響が大きく生じなかった要因の1つである。その一方で，永川市農業技術センターでのヒアリング調査によると，40代以上はブドウの皮をむいて食べるのが通常であり，その点でも国産ブドウが選択される理由の1つである。他方，40歳未満は皮が薄く皮ごと食べることのできるチリ産ブドウに抵抗がない。そのため，青壮年層を中心としたチリ産ブドウの需要の増加が輸入量の増加と結び付いており，今後さらなる需要及び輸入の増加の可能性も否定できないとのことである。

　第3は，廃業支援による政策効果である。チェ・セギュン他は，施設ブドウで廃業支援を活用し競争力のない小規模あるいは高齢農家が離農することにより，2005年で価格を約3.5％，生産額ベースでは24億ウォンの価格支持効果が発生したと分析している[16]。他方で，永川市の実態調査で触れたように，老木を対象に廃業支援金を受給し，5年間当該品目を栽培できないという要件をクリアした6年目以降に，再び当該品目の新木を植える農家も少なくない。実際，チリから輸入のないモモにおいて，廃業支援を活用した農家・面積が多かったのもそのためである。したがって廃業支援は，一方では離農による構造改善及び競争力の強化につながるという一面を有しつつも，もう一方では結果として，「時限的部分的生産調整」といった側面があるのも事実である。

　第4は，統計的に因果関係を把握するのは困難であるが，調査した現場か

らはチリ産ブドウの輸入増加により，同じ時期に需要のあるリンゴやミカン，ナシ，イチゴなどの消費量に影響が生じており，その結果それら品目の消費減と価格低下にも結び付いているということである。

　第5は，これまでの生食ブドウ一辺倒から，近年地元産ブドウを用いたワイン製造に取り組む動きもみられる。例えば永川市では，市の農業技術センターが中心となり，ワイン製造施設の整備とブドウ農家へのワイン製造法の指導をおこない，技術センターが販路を開拓するなど，日本とは異なり行政主導によるいわゆる6次産業化の展開に力を入れている。永川市では，年間のブドウ生産量38,000トンのうち2〜3％をワイン製造に仕向けている。2011年では，年間2,000本のワインを販売しており，価格は1本15,000ウォンで，このうち3,000ウォンが農家の収入となる。市は，ブドウ生産量の8％をワイン製造に仕向ける目標を立てている。このような6次産業化の取り組みにより，国内ブドウの需要創出と農家収入の向上を追及している。

注
（1）混乱の詳細については，奥田聡『韓国のFTA』（アジア経済研究所，2010年）pp78〜79を参照。
（2）この順位のなかには，香港や台湾も含まれる。また，国ごとではなくEU及びASEANとしてカウントすると，第27位となる。
（3）同上。
（4）チリにとって韓国は第7位の輸出相手国（2002年）であり，輸出総額に占めるシェアは4.1％である（中西三紀「チリの輸出構造と『チリ―韓国自由貿易協定』発効後への日本の着眼点」農林水産政策研究所『行政対応特別研究研究資料』第1号，2004年，p59）。
（5）国ごとではなくEU及びASEANとしてカウントすると，第10位となる。
（6）価格バンド制とは，対象品目の許容価格幅を設定し，最高価格で輸入した場合は差額分を関税額から控除し，最低価格以下で輸入した場合は差額を一部関税として賦課する制度である（北野浩一「チリ―影響力の大きい部門別業界団体―」東茂樹編『FTAの政治経済学』アジア経済研究所，2007年，p247）。
（7）韓国農村経済研究院『農業部門FTA履行の影響及び補完対策の評価』2009年，pp106〜107。
（8）韓国では坪単位で記すのが普通であり，文中の調査事例で記した「a」や「ha」

は坪単位を変換したものであるため，若干の誤差が生じている。
（9）韓国農漁村公社は，これまで名称が韓国農村公社，韓国農業基盤公社など何度か変更している。本書では，最も新しい韓国農漁村公社で統一する。
(10) 近年の琴湖邑の農地価格は，概ね10 a 当たり4,500万〜5,100万ウォン前後で変動している。
(11) キム・ハンソン他「韓チリFTAによる輸出増加の特徴及び示唆点」対外経済政策研究院「今日の世界経済」No.26，2010年。
(12) 韓国農村経済研究院『農業部門FTA履行の影響及び補完対策の評価』2009年，pp109-110。
(13) 韓国農村経済研究院「農業観測」2011年5月号，p9。
(14) 韓国農村経済研究院『農業部門FTA履行の影響及び補完対策の評価』2009年，p113。
(15) 韓チリFTAにおける豚肉輸入の影響については，許徳「畜産物をめぐる貿易体制の変化」（日韓畜産研究会編『貿易体制の変化と日韓畜産の未来』農林統計出版，2010年）も参照。
(16) チェ・セギュン他「韓チリFTA履行3年の農業部門評価」対外経済政策研究院セミナー「韓チリFTA 3年間の評価と今後の課題」資料，2007年，p11。

第3章

韓米FTAの実像と地域農業への影響

1．はじめに

　韓米FTAは，韓米同盟の強化といった政治的要因と，経済的要因の2つから交渉・締結に至ったものと整理できる。ところが，政治的要因としての韓米FTAについて，韓国政府自身が公式に語らないこともあり，韓国国内でも経済的要因から韓米FTAの推進背景を考察した研究が大部分を占める。しかし，ここ20年くらいの間で，朝鮮半島をめぐる安全保障問題が国際政治の俎上にあがり，最も国際的関心を集めたのは2005年の北朝鮮による核兵器保有の公式宣言以降であり，韓米FTAの交渉を開始した2006年と重なる。

　韓米FTAの交渉を開始・合意した盧武鉉(ノムヒョン)政権は，アメリカと距離をおいた政権との認識が強いが，盧武鉉は青瓦台(チョンワデ)（大統領官邸）で受けた退陣直前のインタビューで[1]，「国際問題で我々はアメリカの力を借りなければならないことも多い」と述べ，さらに「アメリカを除いて新たな北東アジアの秩序を再編することはできない」として，北東アジア，特に北朝鮮問題をその国際問題として強く意識している。それと同時に，「経済市場でもアメリカとの関係を円満に維持していくことが相当に必要である」とも述べている。つまり，軍事・安全保障と経済の両方を射程に入れたアメリカとの関係，すなわち韓米同盟の強化と韓米FTAの推進を説いている。

　そもそも20世紀のアメリカと西側諸国による軍事同盟体制は，ソ連を盟主とする東側諸国への軍事的対峙が共通の目的であり，1953年にはじまる韓米同盟もその一翼を担ってきた[2]。だが韓米同盟の場合，東西冷戦というイデオロギー対立と，それが具現化し，いまだ休戦状態下にある北朝鮮からの

現実的脅威という，大局と朝鮮半島に限定した局地の両面を対象とする点で他の同盟と異質である。ところが前者は，1990年代に入りソ連が崩壊し東西冷戦が終焉を迎えることで，東側諸国という明確な軍事的脅威国・地域への対抗手段としての軍事・安保同盟という意義が相対化し，後者の現実的脅威への対峙のみが継続することとなる。

しかし21世紀になり，2001年に起こったアメリカ同時多発テロを画期に，国家を超越したテロ活動や大量破壊兵器の拡散による脅威の不確実性の高まりと，それへの対抗手段が早急に求められることとなった。当時のブッシュ政権は，テロの根絶と大量破壊兵器の拡散防止のためには自由と民主主義，法の支配の地球規模への拡大が不可欠とし，その具体的手段として軍事・経済・文化・環境・人権など多様な領域にまでウイングを広げた同盟体制の構築を推し進めようとしている。ただし，ゼーリック元通商代表部代表が「グローバルな貿易システムを，われわれの価値と一直線に並ぶようにする必要がある」と述べたように[3]，多様な領域はアメリカ的価値観と行動様式の全世界への拡大を意味していることに注意が必要である。このような21世紀の新たな世界秩序の形成を目的としたアメリカ主導による軍事・安保同盟の本質を，河英善は「冷戦同盟秩序が反テロ同盟秩序へと変化」したとし[4]，またチョン・ヨンシクは軍事・安保同盟から価値同盟への転換と指摘している[5]。前者は同盟の目的に注目し，後者はそのための手段に着目したものであるが，根底に存在するものは同じである。

実際，韓米同盟は，東西冷戦の遺物と現実の軍事的脅威である北朝鮮問題を20世紀から引きずりつつ，21世紀に入るとアメリカは北朝鮮を「悪の枢軸」国の1つとして名指し，大局的には北朝鮮との対峙を核問題や大量破壊兵器，テロとの戦いとして捉え直し，韓米同盟をそれへの対抗と位置づけている。それと同時に，2003年の韓米首脳会談（盧武鉉・ブッシュ大統領）や05年の「韓米同盟と朝鮮半島の平和共同宣言」では，韓国とアメリカがともに民主主義や市場経済，自由及び人権といった共通する価値をアジアや世界に広めていくと表明している。チョンはその流れのなかで，軍事・安保同盟を経済

第3章　韓米FTAの実像と地域農業への影響

同盟の領域に拡大しようとする意図から出てきたものが韓米FTAであるとし，それにより韓米同盟の価値同盟化が図られると指摘している[6]。

このように21世紀に入り，軍事・安保同盟を強化するため共通する価値を包摂するとともに，軍事・安保同盟を手段として共通する価値をアジアや世界に広めていくことが韓米同盟にも求められ，その一端として韓米FTAは締結されることとなった[7]。だが，韓米同盟との関係でみる韓米FTAに関しては，次の点に留意する必要がある。1つは，チョンが指摘する価値同盟としての韓米同盟は，自由や民主主義，市場経済，文化，環境，人権など多様な価値を包摂したもので構成されることになる。換言すれば，韓米FTAは韓米同盟の一部を構成するものに過ぎず，韓米FTAが韓米同盟を必ず担保するものではないということである。したがって，韓米FTAは韓米同盟に結び付くものではあるが，その一方で経済問題としてきちんと見据える必要がある。

いま1つは，次節以降で触れるように，共通する価値をベースとしたものであるが故に，韓米FTAの内容も多岐にわたる分野が対象となっている。しかし，ここでの共通する価値とは，自由や市場経済など抽象的枠組みを示すに過ぎない。むしろ，それらを満たす具体的中身は，先述したようにアメリカが推進するアメリカ的価値観と行動様式がベースにあるということである。では，経済問題としての韓米FTA，そしてそこに組み込まれたアメリカ的価値観と行動様式を土台とする協定内容とはどのようなものであるのか，以下でみていくことにする。

2．対米貿易の実績―FTA発効前

(1) 韓国とアメリカの貿易額

まず，韓国とアメリカの貿易実態について確認する。韓国とアメリカの2000～03年の貿易実績については，第1章で述べたとおりである。すなわちアメリカへの輸出は，2000～02年までいずれも300億ドル台を記録し，輸出

総額の約20％を占める最大の輸出相手国であった。ところが03年も輸出額は342億ドルであるが，輸出総額に占める割合を17.7％に低下させ1位の座を中国に譲っている。2004年以降の輸出額は400億ドルを突破し，11年には562億ドルと過去最高を記録している。しかし全体に占めるシェアは下がり続け，05年にはEUにも追い越され3位に転落し，11年には10.1％にまで低下している。

　他方，輸入をみると，2000年のアメリカからの輸入額は292億ドルで輸入総額の18.2％を占め，日本（19.2％）に続く2位のシェアにある。その後05年に300億ドルを突破したが，リーマンショック後の09年には300億ドルを割り込み，10年以降は400ドルを超えている。その一方で，輸入総額に占める割合は緩やかに低下し続けており，04年に中国に逆転され，08年には10％を割るとともにEUにも追い抜かれ，11年のシェアは8.5％と4位に後退している。

　このように2000年代に入り，韓国にとって輸出入におけるアメリカの地位は後退しつつある。しかし，貿易収支でみると異なる様相を呈している。アメリカとの貿易収支は，2000～03年まで84億～98億ドルの黒字を計上し，02年まではアメリカが最大の貿易黒字相手国であった。03年にその座を中国に明け渡すことになるが，04年に141億ドルの黒字と過去最高を記録している。その後は，概ね90億ドル前後の黒字を計上し，11年には119億ドルと再び100億ドルを突破するなど安定した黒字相手国の地位にある。

（2）主な貿易品目

　表3-1は，韓国とアメリカの主な貿易品目について整理したものである。輸出品目のトップテンをみると，最も輸出額の大きいのは電話機・携帯電話である。輸出額は92億ドルで，輸出総額の16.3％を占めている。2位は乗用車の86億ドルで全体の15.4％を占めている。3位は自動車部品の47億ドル，4位石油及び歴青油など26億ドルとつづき，以下は10億ドル台の品目である。上位10品目に輸出額全体の57.6％が集中しており，自動車関連及び電気・電

第3章　韓米FTAの実像と地域農業への影響

表3-1　韓国における対米輸出入の主要品目（2011年）

(単位：百万ドル)

順位	品目番号	輸出			順位	品目番号	輸入		
		品目名	金額	シェア			品目名	金額	シェア
1	8517	電話機・携帯電話	9,183	16.3	1	8542	集積回路	3,782	8.5
2	8703	乗用車	8,632	15.4	2	8486	半導体	2,308	5.2
3	8708	自動車部品	4,694	8.4	3	1005	トウモロコシ	1,936	4.4
4	2710	石油及び歴青油	2,606	4.6	4	8802	その他航空機	1,498	3.4
5	4011	ゴム製空気タイヤ	1,481	2.6	5	7204	鉄鋼のくず他	1,420	3.2
6	8473	機械の部分品及び附属他	1,463	2.6	6	2701	石炭及び練炭	1,341	3.0
7	7306	鉄鋼製その他の管他	1,330	2.4	7	2707	高温コールタールの蒸留物	938	2.1
8	8542	集積回路	1,075	1.9	8	8411	ターボジェット	936	2.1
9	8418	冷蔵庫	1,047	1.9	9	8479	機械類	759	1.7
10	2902	環式炭化水素	874	1.6	10	8803	航空機部品	673	1.5
		総計	56,208	100.0			総計	44,355	100.0

資料：『貿易統計年報』（2011年）より作成。

子製品が中心となっている。

輸入では，1位の集積回路38億ドル，2位の半導体23億ドルと精密機械部品がつづき，農産物からはトウモロコシが19億ドルで3位に入っている。その他鉱物資源や航空機関連が表出しており，上位10品目で輸入額全体の35.2％を占めている。したがって，特定分野・品目に集中した輸出と多様な分野・品目を輸入する対米貿易という姿をみることができる。

(3) 直接投資

また，アメリカとの経済関係は貿易だけではなく，海外直接投資も重要である。韓国のアメリカへの直接投資は，2003年で7.8億ドル，全体の12.1％を占めていた。だが図3-1に記すように，08年には51.0億ドルにまで増え，全体に占める割合も2倍の21.4％まで上昇し，FTA発効前の11年には59.5億ドルと過去最高を記録している（全体のシェアは22.5％）。業種別にみると，近年では鉱業及び金融・保険業への直接投資が盛んである。

他方，アメリカによる韓国への直接投資は，2003年は12.4億ドルで全体の19.2％を占めている。04年に47.2億ドルを記録するが，その後は概ね10億〜20億ドル台で推移し，対内直接投資額全体に占めるアメリカのシェアも10〜

81

図3-1 業種別にみたアメリカへの対外直接投資

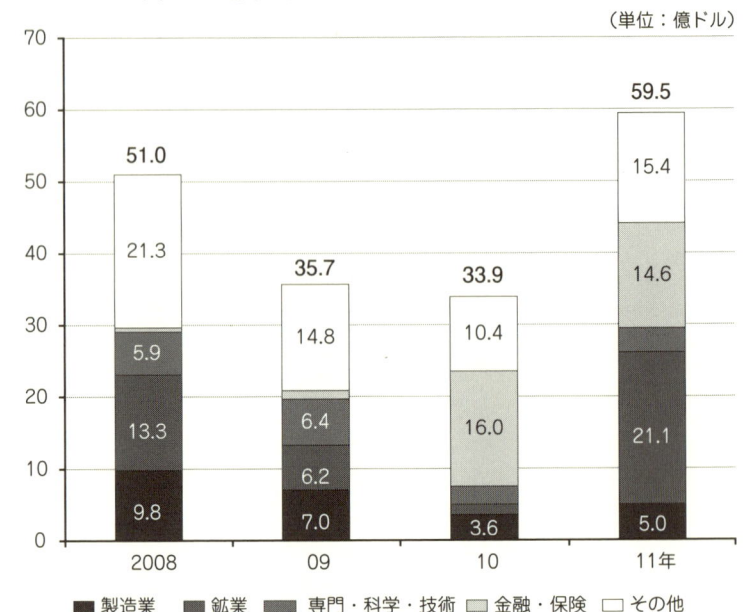

(単位：億ドル)

年	製造業	鉱業	専門・科学・技術	金融・保険	その他	合計
2008	9.8	13.3	5.9		21.3	51.0
09	7.0	6.2	6.4		14.8	35.7
10	3.6			16.0	10.4	33.9
11年	5.0	21.1		14.6	15.4	59.5

資料：韓国輸出入銀行「海外直接投資の動向分析」(各年版)より作成。
注：1)「投資金額」は，申告ベースの数値である。
2) 図中には，主な数値のみを記している。

20％台前半である。業種別では，不動産・賃貸業やその他金融・保険業などのサービス業への直接投資に集中しており，概ね70％台から最高で89.8％（07年）を占めている。ただし，11年は製造業に対する直接投資が大きく増えた結果，製造業のシェアが46.0％に上昇し，サービス業の53.7％に近づいている。

3．FTA協定内容

(1) 交渉プロセス

韓米FTAの交渉に入るにあたり，スクリーン・クォーター（映画），牛肉，自動車，医薬品の4つの問題が障害とされてきた。すなわち，医薬品を除く前3者は，1990年代後半のアメリカとの二国間投資協定（BIT）の交渉の際に，

第3章　韓米FTAの実像と地域農業への影響

アメリカ側から規制緩和を要求された項目である。当時は韓国側がこれらの要求をまとめることができず，BIT交渉は妥結しなかった。そのため韓米FTA交渉に入るに際し，まずはこれら4つの問題の解決がアメリカ側から要求されるとともに，韓国側もその必要性を意識していた[8]。その結果，スクリーン・クォーターの縮小，生後30ヶ月未満の骨なし牛肉の輸入再開，自動車排ガス基準の猶予，医薬品経済性評価計画の検討留保を4大先決事項としてまとめている。

それを受け，2006年3月に韓米FTA交渉が開始され，1年後の07年4月に協定を合意している。短期間での交渉は，アメリカの貿易促進権限（TPA）が07年6月末に切れることが大きく関係している。アメリカの通商交渉は議会の権限であり，その交渉権を行政府に委任したのがTPAである。韓国政府としては，アメリカ議会を相手に交渉するよりも，権限を委任されたブッシュ政権と交渉した方がまとまりやすいとの判断から，TPAの失効前をゴールラインとして交渉を進めてきた。

しかしその後，アメリカでは民主党のオバマ政権に代わり，当初オバマ大統領は韓米FTAに否定的であったことから，自動車貿易不均衡と関連して韓米FTAの再交渉の必要性を主張している。韓国側は，「韓国が先に批准して再交渉を拒否すれば，FTAが完全に破棄される可能性があった」（盧武鉉政権時代のキム・ビョンジュン大統領府政策室長のインタビュー「中央日報」2012年2月9日）として，再交渉に応じている。再交渉の焦点は自動車と牛肉に絞られ，自動車では安全性・環境基準の緩和，関税撤廃期間の延長などを，牛肉では月齢制限（30ヶ月未満）の解除を要求している。しかし，2010年11月11日の韓米首脳会談では合意に至らなかったが，「できるだけ早い時期に合意する（李明博大統領）」，「数週間以内の妥結を期待する（オバマ大統領）」とされた（「中央日報」2010年11月12日）。その後11月30日に再交渉をはじめ，韓国側は牛肉の月齢制限は維持したが自動車分野で譲歩し（後述），アメリカ側は豚肉や医薬品の許可・特許分野で譲歩することでまとまり，12月3日に韓米FTAは正式に妥結している。この間，北朝鮮による延坪島

83

砲撃事件（11月23日）が起こっており，軍事・安保問題からも早急な妥結が図られたものと推察できよう。その後，審議・手続きを経て，11年10月にアメリカ議会で韓米FTA履行法案が通過し，翌11月には韓国国会が韓米FTA批准案を可決している。

（2）協定内容

韓米FTAは，協定文24章と付属書Ⅰ～Ⅲ，付録からなる。付属書は，技術的・手続き的事項からなり，付属書Ⅰは「現在留保」，Ⅱは「未来留保」，Ⅲは「金融サービスに対する留保」である。付録は，付属書を具体化し技術的事業を規定するものであり，付録まで法的拘束力を有する。

協定文の章構成は，1章：序文／最小規定及び定義，2章：商品に対する内国民待遇及び市場アクセス，3章：農業，4章：繊維及び衣料，5章：医薬品及び医療機器，6章：原産地規定及び原産地手順，7章：関税行政及び貿易の円滑化，8章：衛生及び食品衛生措置，9章：貿易に対する技術障壁，10章：貿易救済，11章：投資，12章：国境間サービス貿易，13章：金融サービス，14章：通信，15章：電子商取引，16章：競争関連事案，17章：政府調達，18章：知的財産権，19章：労働，20章：環境，21章：透明性，22章：制度規定及び紛争解決，23章：例外，24章：最終条項，である。

ちなみに，次章でみる韓EU FTAは15章構成である。章タイトルを比較すると，韓米FTAでは韓EU FTAの章タイトルをほぼ網羅している。逆に，韓米FTAの3～6章，11～14章，19～20章は韓EU FTAにはなく，それらは農業や医薬品，投資，金融サービスなどである。もちろん，韓EU FTAの他章のなかに包摂する形で取り組んでいるケースがほとんどであるが，独立した章として設けているところに韓米FTAにおいて重要な位置にあることを示していよう。

ところで，韓米FTAによる影響が最も大きいとされる分野の1つが農業である。そこで，農業については次節で取り上げることにして，以下では農業以外の主要な分野のいくつかについて，主に韓国外交通商部「韓米FTA

第3章　韓米FTAの実像と地域農業への影響

詳細説明資料」(以下「説明資料」)と，国会批准後に政府が複数回実施している「FTA交渉代表ブリーフィング」にもとづき触れるとともに，若干の私見を述べることにする(9)。

①商品の関税撤廃（第2章）

　韓米FTAでは，韓国の米を除きすべての品目が両国で関税撤廃となる。その撤廃期間をみたのが**表3-2**である。表中には繊維と農産物を除くすべての品目が含まれており，韓国は合計8,434品目を関税撤廃する。そのうち即時撤廃が7,218品目，全体の85.6％に相当する。3年までの撤廃が719品目（8.5％）と両者で94.1％を占める。輸入額ベースでは，計248億ドルのうち即時撤廃が200億ドルと全体の80.5％を占め，3年までの撤廃33億ドルを合わせると93.9％となる。

　同様に，アメリカは合計7,094品目のうち6,176品目，全体の87.1％で関税を即時撤廃する。3年までの関税撤廃品目数は360品目・5.1％で，両者で全体の92.2％を占める。輸入額をみると，計380億ドルのうち87.2％の331億ドルが即時撤廃であり，3年までの撤廃28億ドルと合わせると94.6％に達する。

　したがって，品目数・輸入額ともに両国間で大きな差はみられず，いずれも3年以内に関税を撤廃する品目が全体の95％近くを占めている。

表3-2　韓米FTAによる商品の関税撤廃状況

(単位：億ドル)

	韓国		アメリカ	
	品目数	輸入額	品目数	輸入額
即時	7,218	200.0	6,176	331.0
3年	719	33.2	360	28.2
5年	168	3.8	196	8.7
10年	325	11.0	345	11.6
12年	3	0.03	17	0.02
15年	1	0.04		
計	8,434	248.4	7,094	379.6

資料：韓国外交通商部「韓米FTA詳細説明資料」より作成。
注：1) 表中には，繊維と農産物は含まない。
　　2) 韓国は，TQR（関税割当）を12年に2品目，15年には1品目含んでいる。
　　3) 輸入額は，2003～05年の平均である。

②自動車（第２章）

　韓米FTA再交渉の焦点であった自動車のうち乗用車についてみると，再交渉前の決定内容は，韓国は現行関税率８％を即時撤廃し，アメリカは関税率2.5％を3,000cc以下は即時撤廃，3,000cc以上は４年目に撤廃することで合意していた。それが再交渉では，韓国はFTA発効時に４％へ引き下げ５年目に関税を撤廃し，アメリカは2.5％を維持したまま５年目に撤廃することで合意している。したがって，両国ともすべての乗用車はFTA発効後５年目に関税を撤廃することで統一しており，再交渉前と比べると韓国側が譲歩した形になる。

　それと同時に，車両価格に賦課する特別消費税は，従来の３段階制（800cc以下免税，800～2,000cc５％，2,000cc以上10％）から２段階制（1,000cc以下免税，1,000cc以上５％，ただし2,000cc以上は発効直後は８％とし３年後に５％へ引き下げ）となり，自動車税（1cc当たり）も５段階制（800cc以下の軽自動車80ウォン，800～1,000ccの小型車100ウォン，1,000～1,600ccの小型車140ウォン，1,600～2,000ccの中型車200ウォン，2,000cc以上の大型車220ウォン）から３段階制（前２者80ウォン，後２者200ウォン，残り140ウォンのまま）とすることでも合意している。これは，大型車を中心とするアメリカに配慮した結果である。環境基準では，１万台以下の販売製造車両に対して排出ガス基準を２段階制とし，韓国の現行基準よりも緩和した水準の平均排出量基準（FAS：平均排出量管理制度）を適用する。

　また，乗用車については，スナップ・バックとセーフガード（SG）を導入している。前者は，a）協定違反または関連する利益を無効化・侵害し，b）販売及び流通に深刻な影響を及ぼしたと判定した場合，特恵関税以前の関税（アメリカ2.5％，韓国８％）に復帰することが可能というものである。SGは，a）発動期間は最大４年間，b）発動回数は無制限，c）２年間報復禁止，d）関税撤廃後10年間適用可能，というものであり，いずれも両国に適用される。

　ただしSGについては，次のアメリカの動きに注意する必要がある。それは2012年１月に法改正をおこない，SGの申請要件を大幅に緩和したことで

ある。すなわち,従来SGを申請する場合,深刻な被害を受けたという証拠資料の提出がアメリカ企業に義務づけられていたが,法改正により証拠資料の提出義務が免除されることになる。この改正についてアメリカ政府は,「韓米FTAの発効が差し迫ったため」と説明しており(「ハンギョレ新聞」2012年3月11日,「KBSニュース」2012年3月12日),韓米FTA対応としてSGを容易に申請できる環境を整えることが目的といえる。

　自動車の貿易状況をみると(2010年),韓国の対米輸出台数51.3万台に対し,アメリカの対韓輸出台数は1.3万台と39.5倍もの開きがある。そのため輸出額も,韓国の66億ドルに対し,アメリカは3.6億ドルと18.3倍の差があり,韓国は62.4億ドルの黒字を計上している。先に韓国の対米黒字が総計90億ドル前後と記したが,その7割近くを自動車が占めていることになる。したがって,韓国にとっては貿易全体において自動車が極めて重要な地位にあることが分かる。

③医薬品及び医療機器(第5章)

　医薬品及び医療機器では,これらの価格決定に適用される手続きや規則,基準及び指針を公表し,合理的かつ非差別的であることを保障している。このうち医薬品に絞ってみると,その焦点は大きく2つある(基本的に医療機器も同じ)。

　1つは,医薬品価格の決定方法である。韓国では,薬剤費適正化法案にもとづき,健康保険審査評価院が医薬品経済性評価などの客観的な基準によって算定した価格を参考に,製薬会社と国民健康保険公団との間で直接交渉をおこない医薬品の価格を決定してきた。ところが韓米FTAでは,安全で有効な医薬品の価格をその当事国が決定する場合,その決定が競争的市場導出価格にもとづくように保障しなければならないとし,競争的市場導出価格にもとづかない場合は,当事国が特許医薬品の価値を医薬品価格に適切に認定しなければならないとある(韓米FTA第5.2条)。これに対し韓国政府は,これまでの韓国方式が協定文の後者,すなわち「適切に認定」という部分と合

致するので，韓米FTAによって韓国方式が変更されるものではないと主張している（説明資料p38）。

しかし医薬品価格の決定は，前者の競争的市場導出価格にもとづいて算定するのが原則であり，あくまでも後者は前者にもとづかない場合の代替措置である。しかもこれまでの韓国方式は，国民負担をできるだけ和らげることを目的としたものである。それに対し，政府が韓国方式と合致するとした協定文の後者は，医薬品価格の決定に特許医薬品の価値を適切に反映させることを明記しており，当然その価値には製薬会社が投資したコストの回収や利潤の確保など様々な経済性が含まれる。したがって，韓国方式と協定文の後者とでは，その価格決定に際し反映させるべき理念や根拠はまったく異なる。そのため，韓米FTAでは事実上，市場によって医薬品の価格が決定されると同時に，価格は上昇するとみてよい。イ・ヘヨンもこのような流れを予見し,「医薬品分野は韓米FTAで代表的な消費者被害分野」と指摘している[10]。

また，製薬会社等が医薬品の価格決定に対し異議がある場合は，手続きの透明性を確保するために「独立的検討手続き」を定め，政府当局を除き利害関係を有しない専門家で独立的検討機構を設け，異議に対し検討する（第5.3条，説明資料p41）。ただしその対象は，健康保険審査評価院が算定した参考価格に対してであり，製薬会社と国民健康保険公団との交渉で決めた価格ではない。そのためアメリカ政府は，後者についても対象にすべきとし，韓米FTA発効後，医薬品・医療機器委員会を開き韓国政府と協議すると主張している（「KBSニュース」2012年3月7日）。加えて，独立した検討機構の結果には拘束力がないため，アメリカ政府は独立的検討手続きが形骸化することを避けるためにも，最終結果に反映させ実効性をもたせるべきと要求している（「ハンギョレ新聞」2012年1月5日）。

いま1つは，許可特許連係制度である。同制度は，特許権を侵害する可能性がある複製薬（ジェネリック薬）を市販したい場合，複製薬製造業者に対し市販許可の申請が義務づけられ，申請とともにその事実を特許権者に通知するものである。もし通知後に，特許権者が特許権の侵害で提訴した場合，

訴訟期間の間，複製薬の市販許可が下りない（詳細資料p45）。したがって同制度は，市販許可と特許とを連係させることで特許権者の権利保護を強めるものである。韓国では複製薬の製薬会社が多いため，韓国の製薬会社にとっては影響が大きい一方，特許を多く有するアメリカの製薬会社にとっては有利に作用する。また消費者にとっても，複製薬の市販許可が下りず市場流通が遅れることは，選択肢の幅が狭まるとともに，新薬の長期使用につながり家計負担が増すことになる。なお，同制度は再交渉で，発効後3年間の猶予期間が与えられている。

④投資（第11章）

投資では2つのことが重要である。1つは収用である。収用は，公共目的のために，差別することなく，適切な手続きにもとづいた場合に認められる。そして収用に際しては，必ず収用時の市場価格または期待利益を含む金額の補償をともなう（第11.5条，詳細資料pp92～93）。

収用のうち，政府による所有権・財産権の強制的な取得あるいは国有化を指す直接収用は，多くの国でも例えば，公共事業の実施に際しおこなわれている。これに対し，韓米FTAで注目されるのが間接収用である。間接収用は，政府が物理的に所有権・財産権を取得するのではなく，政府や自治体の規制等により所有者から財産の使用や期待される利益を奪うことをいう。

この間接収用により，所有者が期待利益などの損失を被った場合に提訴する制度が，いま1つの重要な「投資家―国家間紛争解決手続き（ISD）」である。ISDは，投資家が直接国家を相手に提訴できる制度であり，投資家は相手国の裁判所または国際仲裁手続きに提訴できる選択権を有する。国際仲裁手続きは単独審議制（審査は1回限り）であり，その判定は効力を有する。

このような間接収用やISDに対して多くの批判が出ており，昨今の韓米FTA反対の論拠の1つでもある。まず批判の1つは，韓米FTAに間接収用とISDを入れて妥結したことに対する批判である。これに対する政府見解は，間接収用とその補償は韓国が締結したすべてのFTA及び大部分の二国間投

資協定(BIT)を含む全世界の投資協定に一般的に含まれているということである。他方，ISDも世界の2,676のBITの大部分に含まれており，韓国も85のBITのうち81の協定で，さらにFTAでは韓EU以外でISDを含んでいると主張する。しかもEUについては，EU執行委員会自体は主権国家ではないため，ISDを定めてもこれを行使することができない。そこでEUの場合，27カ国中22カ国とすでにBITを締結し，そのうちドイツ・フランスを除く20カ国のBITにはISDを導入しているため，EUについてはBITで個別に代替することでまとまっている(11)。また，韓豪FTAでも，韓国の対豪投資はオーストラリアのそれの3.5倍あるため韓国はISDの導入を要求し，オーストラリアはISDに難色を示していたが(2011年12月5日ブリーフィング及び配付資料)，2013年12月にISDを含むことで合意している(終章)。

いま1つの批判は，間接収用とISDの存在により，政府の裁量性＝公共政策が制限されることに対するものであり，その根源には国家主権の侵害に対する批判がある。政府見解では，既存の保健，環境，安全，不動産価格安定化政策(＝低所得層のための住宅政策)など一般的な公共政策は間接収用の例外としている。またISDは，付属書Ⅰの現在留保と付属書Ⅱの未来留保に記載された事項は対象外としている。現在留保とは，投資分野では「内国民待遇，最恵国待遇，履行要件の賦課禁止，高位経営者及び理事会の国籍制限禁止」，サービス分野では「内国民待遇，最恵国待遇，市場アクセス(の制限禁止)，現地駐在(義務の禁止)」から免除される措置を網羅した目録47分野を指す。未来留保は，公企業の民営化，保健医療，教育・社会サービス全般，エネルギー，電気・ガスなど公共性の高い分野，専門職サービス分野(法律・会計・税務)，運送及び貨物サービス分野，環境サービスなど，今後規制が強化される可能性のあるもの，または新たな規制措置の導入が予想される44分野を網羅した目録である。したがって，これらを通じて公共政策上必要な分野・事項は協定の適用から除外されるため，公共政策の自立性が担保されているという見解である(2011年12月5日ブリーフィング，詳細資料pp98〜99)。

第3章 韓米FTAの実像と地域農業への影響

　したがって，公共政策等必要不可欠な分野については，現在留保・未来留保のなかに取り込むことで間接収用とISDの対象とならず，公共政策の自立性が脅かされることはないということである。しかし，留保の目録に記載している内容は抽象的事項であり，具体的事象に対して公共政策と民間企業の経済活動とのボーダーラインを明確に区分することは難しく，どの側面からみるかによってその比重も異なろう。そしてより根本的な問題は，目録に記載した抽象的事項の解釈によってそもそも異なるということである。現に韓国政府も，「協定の解釈は当事国の自由である。ただし，そのような解釈の差がある場合に紛争が発生する素地があり，結局は紛争を通じて解釈に対する決定をすることができる状況になるが，そうした状況になる前までは，どのような当事国もその協定の規定に対し自国に有利な解釈をすることができる」（2012年2月23日ブリーフィング）としている。いわゆる「自己解釈」である。つまり，適用除外とする現在留保・未来留保に関しても，解釈の相違によって間接収用とISDの対象に十分なりうるということである。そして，その是非も紛争を通じた解釈，すなわち相手国の裁判所または国際仲裁手続きによる判定が下されるまで誰も予測がつかないということであり，政府の裁量性＝公共政策の躊躇・不安定化という大きな問題を抱えることになる。

　韓米FTA発効後も依然，あるいは発効されたが故に韓国国内においてISDなどの懸念材料に対する不満・批判が収まっていない。FTA発効の翌月におこなわれた総選挙では，韓米FTAが争点にもなったことで，李明博政権は韓米FTA発効後3ヶ月以内にサービス投資委員会を設置し，ISDについてアメリカと再協議すると表明していた。ただし，再協議はするがISDを破棄するつもりはなく（「朝鮮日報」2012年2月23日），あくまでもガス抜きといえる。ところがその再協議も，李明博政権下で立ち上げた「民官専門家タスクフォース」チームがISDを検証した結果，ISDは多くの国家がBITで半世紀にわたり認めてきた制度であること，対内直接投資の誘致には不可欠であること，ISDに対して安全装置が確保されていること，などを根拠にISDの改正は不要と結論づけている（「ハンギョレ新聞」2013年7月18日）。この「安

全装置」とは，公共性の強い分野またはその他センシティブな分野にはISDが適用されないように「付属書Ⅱ」で担保しているということを指す。だがこれらは，いずれもこれまで政府が一貫して主張してきたものと同じであり，その問題点については先述したとおりである。

⑤金融サービス（第13章）

　韓米FTAで金融協定が適用されるのは，相手国の金融機関，自国の金融機関に対する投資及び投資家，国境間金融サービスの供給者に対する当事国の法令・慣行などに対してである。逆に適用されないのが，公共退職制度（例：韓国の国民年金制度）及び社会保障制度（韓国の国民健康保険制度）などのサービス，中央銀行・通貨関連の国家機関及び国家により所有または統制される金融機関によるサービスである。また国策金融機関は，同機関に対する現在の特恵を留保目録に記載しているため，現行の機能の遂行が可能とされている。国策金融機関には，信用保証基金，韓国資産管理公社，農協，韓国住宅金融公社などが該当する（詳細資料pp116～117）。

　このうち農協及び郵便局に限定して簡単に触れると，現行法上，農協は保険サービスを提供しているが，金融委員会などの監督を受けず，農林水産食品部の監督下にある。ところが韓米FTAでは，農協の健全性を高めるために保険サービスに対しては，韓米FTA発効後3年以内に金融委員会の監督下におくことで合意しており（詳細資料p123），民間金融機関と同列に扱われることになる。

　同様に，郵便局の健全性強化として以下のことも合意している。第1は，郵便局が提供する保険の公共性を考慮し，税金の免除と政府の支給保証などは現行制度を維持することである。第2は，郵便局保険と民間保険の公正な競争条件を高めるために，郵便局保険に対する金融委員会の監督機能を強化することである。それは，1つには金融委員会が郵便局保険に関連する委員会の委員の半分を推薦し，郵政事業本部が提出した決算書類及び商品の基礎書類を審査することであり，いま1つは郵便局保険の加入限度額（現在

第3章　韓米FTAの実像と地域農業への影響

4,000万ウォン）を増額する場合には，金融委員会と事前に協議しなければならないことである。第3は，現在郵便局保険が取り扱っている商品の改善は認められるが，現在取り扱っていない変額保険（保険料の一部を証券に投資し，投資結果により受け取る保険金額が変わる保険）や退職年金保険，損害保険など新たな商品への参入は制限されることである（詳細資料p125）。

したがって韓米FTAでは，郵便局の税金免除や政府保証といった現行制度は維持しつつも，比較的誰でも加入しやすい経済的弱者向けの保険サービス（それ故規模も大きい）をターゲットに（対象），民間保険会社との公正な競争条件の確保を至上命題として（目的），それを提供する農協や郵便局に対し専門家組織である金融委員会による審査・事前協議・新商品への参入制限などの監督強化が図られることになる（手段）。

⑥ラチェット条項・ネガティブリスト方式

韓米FTAでは，ラチェット条項を導入している。ラチェット条項とは，現在の規制を緩和することは可能であるが，いったん規制緩和や自由化したあとに，もとの水準に規制を戻したり，自由化を後戻りさせることはできない条項である。ラチェット条項の適用対象はサービス・投資分野であり，そのうち付属書Ⅰの現在留保に限定して適用される。

ラチェット条項に対しては，旧民主労働党が「韓米FTA毒素条項12　完璧整理」を提示し，狂牛病の牛肉輸入で人体に影響を及ぼす状況に至っても輸入を禁止できないこと，米の市場開放による国内農業の壊滅後に，世界で食糧を武器とする状況が生じても米の輸入禁止と国内農業の現状回復ができないこと，電気・ガス・水道などが民営化されたのち，社会的な大混乱が生じてももとに戻せないこと，その他医療保険や教育及び文化についても同様の批判をおこなっている。

こうした批判に対し政府は，ラチェット条項はサービス・投資分野の現在留保にだけ適用され，牛肉や米などの商品分野には適用されないこと，また電気・ガス・水道や医療保険，教育・文化など公共性の高い分野については

付属書Ⅱの未来留保に含まれており，ラチェット条項は適用されないと主張している（2011年12月7日ブリーフィング）。前者については，政府が指摘するようにラチェット条項は商品分野には適用されないため，誤った批判といえよう。だが後者については，先の投資分野で指摘したように，自己解釈によって必ずしも適用されないとはいえないであろう。

　また，ラチェット条項と一体で取り扱われるのが，サービス分野の開放において採用したネガティブ・リスト方式である。同方式は，自由化したくない分野のみ指定し，それ以外は自動的に自由化が進行していく方式である。ネガティブ・リスト方式は，先のラチェット条項と一体で取り扱われるものである。通常WTO協定のサービス分野を扱うGATSでは，約束した分野のみ自由化を認めるポジティブ・リスト方式を採用しており，韓国もEUとのFTAではポジティブ・リスト方式を用いている。そのためネガティブ・リスト方式の採用に対し，政府の規制権限を喪失することになるので従来のポジティブ・リスト方式に変更すべきとの批判がある。これに対し政府は，「サービス分野の開放において重要なことは，開放の方式の問題ではなく，開放しようとする範囲と水準に関することが核心的な問題である。実際，ネガティブ方式の韓米FTAとポジティブ方式の韓EU　FTAのサービス市場の開放水準はほぼ同じ水準である」と主張している（2011年12月7日ブリーフィング）。

　しかし問題は，開放水準がイコールであるかどうかではなく，ネガティブ・リスト方式では自動的に自由化したものを，その後自由化しないリストに再指定できないことである。それに対しポジティブ・リスト方式では，指定したもののみ自由化するのであり，それ以外の自由化しない分野については，政府が主体的に自由化する権限を有するという点において，その裁量性がまったく異なる。

⑦小括

　医薬品，投資，保険サービスなど非関税障壁では，市場を土俵とした公正

第3章　韓米FTAの実像と地域農業への影響

な競争条件の確保と透明性の確保という点でいずれも共通していた。特に透明性の確保については，誰にとっての透明性かが重要である。ここでは，合理的かつ透明なプロセスを通じて，政府等が政策介入や規制措置を講じたかどうかといった政府，国民にとっての透明性が求められているのではない。あくまでも，民間企業や多国籍企業が参入・事業展開する上において，様々な規制措置等が排除され障壁となっていないかどうかという意味での透明性であると同時に，障壁が存在あるいは疑われる際に，それを除去すべき機会（提訴と補償）が担保されているかどうかという意味での透明性が問われていることに注意しなければならない[12]。

（3）国内法制度の対応

①自治体の条例

韓米FTAの交渉が進むなか，当時の財政経済部は今後予想されるFTAと地方自治体が制定する条例とが衝突する事態を検証し，その結果を公表している（財政経済部「報道資料」2006年11月）。そこでは，FTAと衝突する可能性のある条例は10分野に過ぎないとしている。すなわち，①地方公企業の役員選定[13]，②学校給食支援[14]，③輸入証紙販売[15]，④屋外広告物の安全度検査[16]，⑤農水産物直売場の設置運営[17]，⑥公共施設内における売店及び自販機の設置[18]，⑦事業開発者の選定[19]，⑧自動車リース事業[20]，⑨郷土料理・親環境農畜産物の販売[21]，⑩特産品の指定及び地域特産物の展示販売[22]，である。

それに対しソウル市は，専門家や弁護士など約10人で構成する「韓米FTA対策機構」を設置し，ソウル市と25区すべての条例7,138件（市535，区6,603）を精査し，その結果30件が韓米FTAと衝突する可能性が高いと指摘している。ただし，財政経済部の公表は「分野」という大きな捉え方なのに対し，ソウル市の場合，個別の条例で把握しており，かつ同一内容の条例でも市や区ごとにカウントするためその数が増えることになる。このような相違があるが，少なくない条例が変更を余儀なくされる，あるいはその可能性

95

があり,それをソウル市はA～Dの4類型に区分している[23]。

すなわち類型Aは,ソウル市が外交通商部に対し対策を求めている8件の条例が該当する。これらは条例自体に問題はないが,いずれも政府が制定した流通産業発展法,建設技術管理法,社会的企業育成法を根拠法としており,その根拠法が韓米FTAと衝突する可能性が高いということである。特に8件中6件が流通産業発展法にもとづく条例である。同法は,小商工人の保護を目的に,伝統商業保存区域内(伝統市場から半径500m以内の地域)において企業型スーパーマーケットの登録制限や営業時間の規制など市場アクセスの制限を含んでいる。

類型Bの8件は,韓米FTA違反ではないが,相手国や投資家から韓米FTA違反という問題提起が生じる可能性のある条例である。そのうちの5件が学校給食に関する条例であり,遺伝子組み換え食材の使用禁止や地産地消を目的とした国内(地元)農水畜産物の優先使用についてである。これらの条例は,目的のための必要な範囲内での制限であり,それ以上の規制を求めるものではないとし,主に合法性を証明するための資料の蓄積で対応しようとしている。

類型Cに該当する11件の条例は,それ自体は合法であるが,運用の際に衝突の可能性があるため注意を要するものである。例えば補助金管理条例では,国内産の販売や流通,使用等に補助金を支給した場合,外国産を差別したとして韓米FTA違反になる可能性があるといったものである。

最後の類型Dの3件—職業専門学校の設置及び運営に関する条例施行規則,都市及び住居環境整備条例,親環境商品購入促進に関する条例は,条例が韓米FTAと衝突するため,条例の改正を必要とするものである。

同じく,慶南発展研究院もソウル市の類型を借用し,慶尚南道の条例を精査している[24]。類型Aでは,流通業共生協力と小商工人の保護条例,社会的企業育成に関する条例,地方建設審議委員会条例の3つの条例が該当する。類型Bでは4件の条例—学校給食支援条例,親環境商品購入促進に関する条例,女性企業支援に関する条例,障害者企業支援条例がここに入る。類型Cは,

公有財産管理条例、補助金管理条例、自然環境保全条例の3つが該当する。類型Dは該当がないため、全部で10の条例が韓米FTAとの関係で注意が必要とされる。いずれにせよ、ソウル市のケースと重複するものも多く、これら以外の広域市や道にも波及することが予測されよう。

② 政府の法令

　また、地方自治体の条例だけではなく、政府の法令も韓米FTAとの衝突が危惧され、それらのいくつかはすでに法改正がおこなわれている。政府資料によると、韓米FTA発効後1年間で、法令23、施行令16、施行規則18、公示・例規9の合計66を変更している[25]。また法の改正ではなく、施行を延期するケースも生じている。その代表の1つが「低炭素車協力金制度」である。当初韓国政府は、温室効果ガスの削減を目的に大気環境保全法を改正し、2013年7月から低炭素車協力金制度を施行する予定であった（「ハンギョレ新聞」2013年2月6日）。本制度は、消費者が二酸化炭素排出量の少ない乗用車（小型車）を購入する際に、50万〜300万ウォンの補助金を支給し、逆に二酸化炭素の排出量が多い乗用車（中・大型車）の購入者には、50万〜300万ウォンの賦課金を徴収するというものであり、1,515億ウォンの予算を計上していた。ところが、2012年6月にアメリカ側から、韓米FTAの「貿易に対する技術障壁（TBT）」に抵触し違反であるとの抗議があり、本制度の導入を破棄するよう求めている。その結果、韓国政府も韓米FTA違反の恐れがあるとし、2015年1月まで施行の延期を決定している。

③ 小括

　以上、地方自治体の条例、政府の法令、法令の施行延期という3つの異なる実態をみてきた。だが、韓国サイドからみて韓米FTAの障害を言及するには、次の点に注意する必要がある。韓米FTAに限らず国際条約や協定の締結にともない、国内の法令等との整合性の観点から、法改正による矛盾の解消や新たな法整備の必要性が生じることもある。例えば法改正した66のな

かには，財政部所管の個別消費税法の改定があり，そこでは先述した車両価格に対する特別消費税の改正（3段階制から2段階制へ）にともなう対応が含まれる。また，ソウル市の条例のうち条例の改正を必要とした類型Dの3件についても，2件は文言の改正であり，残りは抽象的内容を具体的内容に改正するというものである。

　韓米FTAの弊害の根拠として，法令及び条例の改正やその数を強調する主張も少なくない。だが，改正の多くは交渉内容の結果への対応であり，問題の根幹は合意した交渉内容それ自体にあろう。それよりも，法令及び条例をめぐる問題の本質は，それ自体に瑕疵がないにもかかわらず施行の延期や，韓米FTAと衝突あるいはISDによる紛争の可能性があるということで，その予防のため法令や条例を改正しなければならないことであろう。特に，多くの自治体で条例を制定している学校給食に関していえば，国内（地元）農水畜産物を優先的に使用する際の購入費用の一部支援は，アメリカの多国籍企業による学校給食市場への参入障壁とみなされる可能性が高い。そのため，国内あるいは地元産ではなく，有機農産物など親環境農産物の使用を優先する内容に改正することで，韓米FTA発効後における国内外の企業間の公平な競争条件の確保を担保しようとしている。また，遺伝子組み換え食品の使用を禁止する条例については，類型Bで指摘したように合法性を証明する資料の蓄積での対応を検討しているところである。

4．韓米FTAと韓国農業

（1）農産物に関する協定内容

　韓米FTAによる農産物の関税撤廃状況を示したのが**表3-3**である。韓国は1,531品目のうち，関税を即時撤廃する品目が578品目（37.8％），2～5年以内に撤廃する品目が356品目（23.3％）と両者で61.1％を占めている。輸入額をみると，アメリカからのそれは合計29.8億ドル，そのうち即時撤廃品目が16.5億ドル（55.4％），2～5年以内の撤廃品目と合算すると20億ドル（67.3％）

表 3-3 韓米 FTA による農産物の関税撤廃状況

(単位：億ドル，％)

	韓国		アメリカ	
	品目数	輸入額	品目数	輸入額
即時	578	16.50	1,065	1.80
2〜3年	39	0.07	10	0
5年	317	3.50	401	0.05
6〜7年	64	1.30	92	0.30
9〜10年	344	1.40	180	0.05
10年超過	157	4.70	65	0
季節／現行関税	16	2.10		
例外	16	0.26		
計	1,531	29.80	1,813	2.30

資料：韓国外交通商部「韓米 FTA 詳細説明資料」より作成。
注：輸入額は，2003〜05年の平均である。

に達する。

　最大の懸案品目であった牛肉の関税率は，現行関税率40％を毎年2.7％ずつ15年かけて撤廃する。豚肉も関税率22.5％を毎年2.25％ずつ削減し10年かけて撤廃するが，牛肉・豚肉ともに輸入が急増した際には緊急セーフガードを発動できる。また，鶏肉も部位により異なるが，10〜12年後に関税撤廃することで決着している。

　ミカンやリンゴ，ナシなどの果物類の多くは10〜20年の間に関税を撤廃し，オレンジやブドウなどの一部品目には季節関税あるいは現行関税とTRQ（関税割当）を導入している[26]。例えばオレンジの季節関税は，9〜2月は50％の現行関税を維持し，3〜8月は30％の関税率からスタートし7年目に撤廃する。野菜類は，トウガラシ・ニンニク・タマネギといった重要品目も15年後に関税を撤廃する。また，16の例外品目（1.0％）はいずれも米であり，韓米FTAで唯一の例外品目である。

　一方，アメリカは大きく4つの特徴をあげることができる。第1は，全1,813品目のうち例外品目や季節関税，TRQなど条件付き品目はなく，いずれも最終的には関税撤廃することである。第2は，即時撤廃品目が1,065品目と全体の58.7％を占めており，韓国に比べ20ポイント高いことである。第3は，2〜5年以内の撤廃品目が411品目（22.7％）あり，ほぼ5年以内に

農産物関税が撤廃されることである。第4は，アメリカの輸入額は2.3億ドルと韓国の10分の1以下でしかないことである（逆にいえば，輸出は10倍以上）。

（2）韓米FTAによる農業への影響予測

韓国農村経済研究院では，2007年に合意した韓米FTAが2009年から発効したものと仮定して，韓米FTAによる韓国農業への影響を試算している（**表3-4**）。

国内生産額への影響をみると，発効後5年目の2013年には農業全体で4,465億ウォンの国内生産額が減少すると試算している。それが10年目の2018年には減少額が2倍の8,958億ウォンとなり，15年目の2023年には1兆ウォンを超えるとしている。これら生産額の減少のうち，5年目・10年目・15年目を問わずいずれも畜産が約7割を占めており，韓米FTAの影響が畜産に集中していることがみてとれる。畜産のなかでも5年目までは豚肉にその被害が集中しており，10年目には豚肉に加え，関税率が低くなった牛肉やほぼ関税が撤廃された鶏肉の生産額の減少も顕著になっている。15年目には

表3-4　韓米FTAによる国内生産の減少額（推定）

（単位：億ウォン）

分類	品目	発効後 5年目 (2013年)	発効後 10年目 (2018年)	発効後 15年目 (2023年)	分類	品目	発効後 5年目 (2013年)	発効後 10年目 (2018年)	発効後 15年目 (2023年)
穀物	麦	5	14	32	果樹	リンゴ	202	416	778
	豆類	17	86	154		ナシ	50	153	325
	その他	24	53	53		ブドウ	176	462	764
	小計	46	153	240		ミカン	457	658	658
野菜特作	ニンニク	29	39	49		モモ	82	197	197
	タマネギ	31	63	96		その他	26	48	65
	唐辛子	17	39	72		小計	993	1,933	2,787
	果菜類	153	240	240	畜産	牛肉	671	2,811	3,147
	高麗人参	34	39	43		豚肉	1,464	1,874	1,874
	その他	38	38	38		鶏肉	488	996	996
	小計	301	457	538		乳製品	416	594	594
						その他	85	141	186
						小計	3,124	6,415	6,797
						総計	4,465	8,958	10,361

資料：韓国農村経済研究院『韓米FTAの影響分析及び国内対策に関する研究』より作成。

牛肉の関税もゼロとなるため,生産額の減少が3,000億ウォンを超え,畜産以外の品目でもリンゴ・ブドウ・ミカンなどの減少額が大きくなっている。つまり,韓米FTAの発効により,韓国農業の畜産と果樹だけで9割以上の被害が集中すると予測している。

以上の結果,農産物輸入総額に占めるアメリカの比重は,韓米FTA発効前の31.6％（2006年）から2013年39.1％→2018年42.4％→2023年44.2％と高まっていくものと推測している。

（3）韓米FTAの農業対策

①対策予算

韓米FTAの締結による国内農業への影響をカバーするために農業対策を設けている。ただし韓米FTA農業対策は,単にアメリカに対する支援対策だけではなく,今後のさらなるFTAの推進も視野に入れ,FTA全体に対する支援策も合わせて含んでいることに留意する必要がある。その根底には,農産物輸出大国であるアメリカからの影響をカバーすることは,同時に他国とのFTA締結による農業への影響もカバーできるという認識がある。

韓米FTA農業対策は,交渉が合意した翌2008年から開始し,2017年までの10年間を対策期間としている。**図3-2**は,韓米FTA農業対策予算の全体像を示したものである。08～17年までの当初予算は総額20.4兆ウォン（a～c）である。このうち(a)の10.1兆ウォンは,03年に樹立した「農業・農村総合対策」の一部である。農業・農村総合対策は,第2章で記したように最初に締結した韓チリFTAによって生じる国内農業・農村への長期的かつ総合的な対策であり,10年間（04～13年）で119兆ウォンの対策費を計上している。それと重複したのが(a)であり,したがって当初予算額の約半分は,韓米FTA農業対策として新たに講じられたものではない。新たに講じたものは,農業・農村総合対策と期間が重複する(b)の2兆ウォンと,農業・農村総合対策終了後の14～17年を手当てする(c)の8.3兆ウォンである。その後,11年8月に1兆ウォン(d)を追加し,協定妥結後の12年1月に新たに2兆ウォン(e)を追加

図 3-2　韓米・韓EU FTAに対する農業対策予算

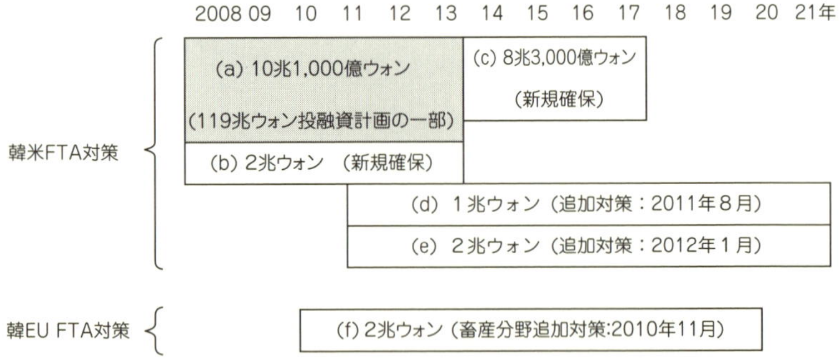

```
              2008 09  10  11  12  13  14  15  16  17  18  19  20  21年
       ┌─────┬─────────────────────────┬──────────────────────┐
       │     │ (a) 10兆1,000億ウォン    │ (c) 8兆3,000億ウォン  │
       │     │ (119兆ウォン投融資計画の一部)│ (新規確保)         │
韓米FTA対策 ┤   ├─────────────────────────┴──────────────────────┤
       │     │ (b) 2兆ウォン（新規確保）                       │
       │     ├──────────────┬──────────────────────────────────┤
       │     │              │ (d) 1兆ウォン（追加対策：2011年8月）│
       │     │              ├──────────────────────────────────┤
       │     │              │ (e) 2兆ウォン（追加対策：2012年1月）│
       └─────┴──────────────┴──────────────────────────────────┘

韓EU FTA対策 ┤ (f) 2兆ウォン（畜産分野追加対策：2010年11月）
```

資料：チェ・セギュン「FTAの農業部門影響と国内補完対策」(「韓国農村経済研究院 第15回農業展望」2012年）報告資料より加筆・修正。

対策として計上している。その結果,韓米FTA農業対策の総額は23.1兆ウォンとなる。

なお,次章で取り上げる韓EU FTAの農業対策として(f)の2兆ウォンを計上しているが,韓米FTA農業対策費に比べ少なく,また畜産分野に限定している点が特徴である。これはEUとのFTAによって生じる国内農業への被害の90%強が畜産に集中していることと,畜産への被害が大きい韓米FTA農業対策が事実上,韓EU FTA農業対策を兼ねているためである。

②対策内容

表3-5は,当初予算額20.4兆ウォンの支援内容を示したものである。支援内容は「品目別競争力強化」,「農業の体質改善」,「短期的被害補填」の3つに区分され,合計61の事業を展開している。

全事業の半分強を占めるのが品目別競争力強化である。つまり,韓米FTAによる被害補填よりも,競争力を強化することに重点がおかれていることが分かる。このうち,大きな被害が生じると予想される畜産に最も多くの予算を計上している。また,競争力強化と関連する農業の体質改善では26事業を組んでおり,主に農業機械のリースや後継者の育成（フランスのよう

表3-5 韓米FTA農業対策の支援事業

(単位：億ウォン)

	2008〜17年予算	2008年	主な事業
合計（61事業）	203,627	14,498	
品目別競争力強化（33事業）	69,968	6,108	
畜産（17事業）	46,940	3,542	畜舎施設近代化 糞尿処理施設等
園芸（14事業）	22,822	2,508	園芸作物ブランド育成 果樹高品質生産施設近代化等
畑作物（2事業）	206	58	畑作物ブランド等
農業の体質改善（26事業）	121,459	6,190	
農家類型別農政（8事業）	88,748	3,753	農業経営体登録制 機械リース 後継者育成 農家単位所得安定直接支払い等
新成長動力の拡充（18事業）	32,711	2,437	広域食品クラスター 親環境物流センター等
短期的被害補填（2事業）	12,200	2,200	FTA被害補填直接支払い 廃業支援

資料：韓国農林部「韓米自由貿易協定締結による農業部門の国内補完対策」資料より作成。

な新規就農者支援事業ではない），現在9つある直接支払制度を経営安定型直接支払いと公益型直接支払いに整理統合することを模索する「農家単位所得安定直接支払制度」などが事業の中心である。

　これに対し，短期的被害補填はFTA被害補填直接支払いと廃業支援からなる。前者は，韓チリFTAで導入した所得補填直接支払いをアメリカを含むすべてのFTA締結国まで拡大し，これらの国々から安価な農産物が流入することに対する被害補填としての直接支払いである。その仕組みは，当年価格が基準価格（直近5年のうち最高・最低を除く平均価格の85％）を下回った場合，基準価格と当年価格の差額の90％を補填するというものである。後者も，韓チリFTAで導入したものをFTA締結国すべてを対象に広げたものであり，交付金を支払い競争力の低い農家の離農を促すことで，競争力の高い農家に農地・資源を集中させる事業である。なお，両事業の対象となる品目は，韓チリFTAでは施設ブドウ・キウイ・モモの3品目に限定していたが，これからは被害が発生した際にその都度対象品目を決定する。

さらに，2011年に追加した1兆ウォン(d)は，農業や畜産施設の近代化による生産性の向上と流通施設の支援などに用いられ，12年の2兆ウォン(e)は，主にFTA被害補填直接支払いの要件緩和にともなう負担と，新たに導入する畑農業直接支払制度に充てられる（第5章）。

5．韓米FTAによる経済効果試算

　韓米FTAの経済効果は，韓国の多くの国策研究機関が試算している。その試算値をもとに整理したのが表3-6である。それによると，実質GDPは短期の0.02％の増加から長期の5.66％の増加まで幅が広い。雇用は短期では4,300人，長期では35.1万人の増加，韓国への直接投資は23億～32億ドル増加（10年間年平均）するとみている。

　他方貿易では，今後15年間，年平均で対米輸出は12億8,500万ドル増加し，アメリカからの輸入は11億4,700万ドル増加するため，貿易黒字が1億3,800万ドル増加すると試算している。産業別では，自動車の貿易黒字6億2,500万ドルと農業の貿易赤字4億2,400万ドルが突出している。つまり，農業で大幅に赤字が増えても，それを2億ドル上回る黒字の増加を自動車で獲得することができるということである。2010年実績は，自動車62.4億ドルの黒字，農産物39.8億ドルの赤字のため，先の試算では自動車・農産物ともにそれぞれ1割ずつ黒字・赤字が増えることになる。

　以上の韓米FTAによる経済効果試算を整理すると，第1に，雇用創出効果は短期ではほとんど皆無である。これに対し長期の35.1万人は，自動車産業を中心としたアメリカへの輸出拡大及び国内の競争力を有する産業や成長産業による雇用創出効果によるものである。ただし，これは雇用を生み出す数値であり，その裏にはアメリカからの安価な輸入品による国内産業への打撃によって生じる失業者がいる。その試算は算出されていないが，それに加え現在でも失業者は80万人近くいる。それらを踏まえれば，必ずしも大きな雇用創出効果とはいえないであろう。また韓米FTAによって生じる失業者は，

第3章　韓米FTAの実像と地域農業への影響

表3-6　韓米FTAによる経済効果試算

①マクロ経済効果

実質GDP	0.02％（短期）～5.66％（長期）
雇用	4,300人（短期）～35万1,000人（長期）
外国人直接投資	23億～32億ドル（10年間年平均）

②主要産業別効果（15年間年平均，万ドル）

	輸出	輸入	収支
計	128,500	114,700	13,800
自動車	72,220	9,700	62,500
電気・電子	16,100	14,500	1,600
繊維	10,500	2,400	8,100
水産業	80	1,180	-1,100
一般機械	5,800	8,900	-3,100
化学	4,600	13,500	-8,900
農業	0	42,400	-42,400

資料：「ハンギョレ新聞」（2011年10月17日）より作成。
注：10の国策研究機関の試算にもとづく。

競争力を有する産業や成長産業等が吸収するので問題ないとの主張もあるが，失業者が多く出る可能性の高いのが最も大幅に輸入が増える農業である。産業・人口の首都圏集中の激しい韓国において，地方の離農者による首都圏流入が進むことは，都市と地方の格差，国土の均衡という面からも問題であろう。

　第2に，韓国からアメリカへの直接投資は2010年で計130.7億ドル，アメリカからのそれは19.7億ドルである。したがって，韓米FTAによる前者の増加は全体の2割前後，後者では2～3倍増えるという予測である。

　第3に，経済効果についてはのちにみるが，試算の水準のみを確認すると，2011年のアメリカへの輸出額は562.1億ドルなので，試算の輸出は11年実績に対し2.3％増加することを意味する。同様に，アメリカからの輸入額443.5億ドルに対し試算の輸入は2.6％増加する。したがって，韓国では輸出よりも輸入の方が増加することになり，貿易黒字は11年の0.9％増加するに過ぎない。

　第4に，期待される経済効果の大きい自動車と，大きな打撃を受ける農産物に関してである。まず，韓国国内の自動車生産は[27]，2007年の408.6万台

をピークに09年は351.3万台に減少している。この背景には，海外生産の展開が関係している。国内生産の4分の3を現代自動車グループが占めているため，同グループを対象にその実態をみると，国内生産台数は07年の282.5万台から09年に274.4万台へ8万台減少している。他方，海外生産は07年の148.6万台から09年の202.6万台へ54万台増加しており，明らかに海外生産へシフトしていることが分かる。海外生産は，中国が最も多い81.5万台，次にインド56.0万台，アメリカ21.1万台と続く（09年）。国内生産の減少と海外生産へのシフトが進んでいる状況を踏まえると，韓米FTAにより自動車の輸出がどの程度増えるのか疑問がある。ただしそれは，国と国との関係でみた場合であり，企業単位（例えば現代自動車グループ）でみれば，トータルの販売台数が減るものではなく，また韓国からの輸出と現地生産の有利な方のウェイトを高めればよいため選択肢が増えることになる。その一方で，ドイツや日本がアメリカで現地生産している自動車が，原産地規定（現地調達率50％以上）をクリアし，アメリカ車として韓国市場に大量に輸出されている。

　他方，輸入が大きく増える農産物は，前節でみたようにその多くは畜産，特に牛肉によるものである。2011年の韓国の牛肉需要量は50.6万トン，国内生産量21.6万トン，輸入量28.9万トン（うちアメリカ11.5万トン）[28]，海外依存度は57.1％である。韓米FTAでは牛肉に緊急セーフガード（SG）を認めており，発効後1年目の輸入量が27.0万トンを超えるとSGが発動される。しかしこれは，11年の輸入量の2.3倍の水準であり，かなりハードルが高いといえよう。さらに15年目には，輸入量が35.4万トンを超えるとSGが発動されることになる。35.4万トンは現在の需要量の81.4％に相当する。換言すると，国内生産は2割弱でも許容するということであり，生産量は現在の4割水準まで落ち込むことになる（アメリカからの輸入だけで）。このような数値からも，韓米FTAにより国内の牛肉生産が大きく減少し，牛肉の輸入が増加する姿を確認できる。

　第5に，試算にはないサービス貿易についてである。2011年の韓国のサービス貿易は43.7億ドルの赤字である[29]。主な赤字の内容と金額は，旅行71.6

億ドル，事業サービス169.2億ドル，知的財産権等使用料29.8億ドルである。これに対し建設サービスが，海外での建設受注実績の増加により過去最高の120.9億ドルの黒字を記録したため，トータルでは40億ドル強の赤字まで縮小している（2010年は112.3億ドルの赤字）。逆に，サービス貿易が黒字なのがアメリカであり，2011年では2,068億ドルの黒字である[30]。黒字のうち事業サービスが45.6％と半分を占め，知的財産権等使用料の40.8％とつづく。つまり，サービス貿易に関しては，韓国とアメリカはまったく正反対の関係にあり，韓米FTAによる海外直接投資の促進や医薬品でみたような知的財産権の保護強化が進められることで，サービス貿易は韓国の赤字化とアメリカの黒字化がより強まるものと想像できよう。

さらに興味深いのが，アメリカ国際貿易局が試算した韓米FTAの経済効果である[31]。その概要をみると，韓米FTAによりアメリカのGDPは101億〜119億ドル増加（GDPの0.1％）し，韓国への輸出は様々な機械装置設備や化学薬品，牛肉製品，食品等を中心に97億〜109億ドルの増加，輸入は衣料品や自動車，自動車部分を中心に64億〜69億ドル増加すると試算している。この輸出入額は，韓国の試算額の約10倍の規模である。ただし，試算にはその期間が明記されておらず，長期（10年）による試算の可能性もある。また，試算の前提条件や方法によって異なるであろう。だが，ここで注目するのはその金額ではなく，輸出の増加が輸入のそれを上回っていることである。つまり，韓国の試算とは正反対であり，アメリカにとってはこれまでの貿易赤字を削減することができるとみていることである。加えてサービス貿易も増加し，主に投資や知的財産権などから利潤を得られるとしており，アメリカは韓米FTAの経済効果が大きいと予測している。アメリカ通商代表部も，1兆ドル規模の韓国経済がアメリカの労働者と企業，農畜産業の従事者に開放され，数万人分（2011年オバマ大統領の一般教書演説では7万人―筆者注）の雇用と賃金改善をもたらすとともに，5年間で輸出を2倍にするオバマ大統領の公約を後押しするものと評価している（「連合ニュース」2012年2月22日）。

6．韓米FTA発効後の貿易変化

韓米FTA発効から2年が経過し，両国の貿易変化を考察した報告書も散見される。そこで本節では，①韓国政府の公表，②韓国農村経済研究院（以下「KREI」）の報告書，③貿易データの原資料である『貿易統計年報』に依拠した独自の考察，にもとづき韓米FTAの貿易変容について明らかにする。①及び②は，韓米FTAを発効した2012年3月15日から2013年2月28日までの1年間を対象期間とする点で同じであり，したがってその変化額も同様である。だが，①は関税の削減・撤廃品目とそれ以外に区分し考察しているのに対し，②は農畜産物・食料品に対象を限定し，その背景・要因に踏み込むとともに，価格の変化にも言及している点で異なる。また③は，2011年と12年の比較であるため韓米FTA以外の要素や結果を一部含むことになるが[32]，原資料であるため全品目を対象に詳細にみることができるなど，三者三様の特徴を有している。

（1）政府公表による考察

韓国政府は，FTA発効1年後の2013年3月15日に，『韓米FTA発効1年間の主要成果』を公表している。そこでの特徴は，FTA発効後，関税を削減もしくは撤廃した品目を「恩恵品目」，現行関税率を維持する品目（FTA発効前の無関税品目を含む）及び例外品目を「非恩恵品目」に区分していることである。

表3-7は，1年間の貿易状況を示したものである。EUの経済危機など世界的な経済不況のため，発効後1年間の世界全体に対する韓国の輸出は2.3％減少し，輸入も3.8％減少している。そして，輸入減少幅の方が大きいため，貿易収支は26.6％増加している。これに対しアメリカへの輸出は1.4％増加し，逆に輸入は9.1％減少したため，貿易収支は39.1％増加している。したがって，世界全体への輸出が減少しているなかアメリカへの輸出は増加していること，

第3章　韓米FTAの実像と地域農業への影響

表3-7　韓米FTA発効後1年の貿易変化

(単位：億ドル)

		輸出	輸入	貿易収支
対世界		5,310 (-2.3%)	4,956 (-3.8%)	353 (26.6%)
対アメリカ	計	570 (1.4%)	399 (-9.1%)	172 (39.1%)
	恩恵品目	224 (10.4%)	207 (4.1%)	17
	非恩恵品目	346 (-3.6%)	191 (-20.1%)	155

資料：『韓米FTA発効1年間の主要成果』に一部加筆。
注：1）金額は，2012年3月15日から13年2月28日
　　　までの輸出・輸入・貿易収支額を示している。
　　2）（　）は，FTA発効1年間の変化率を指す。

逆にアメリからの輸入は大きく減少していること，その結果アメリカとの貿易黒字が拡大している姿を確認できる。

アメリカへの貿易状況を恩恵品目・非恩恵品目に分けてみると，恩恵品目は輸出で10.4％の増加，輸入も4.1％増加している。特に輸出で大きく増加した品目は，石油製品（29.3％）や自動車部品（10.9％）である。前者は，アメリカ国内での需要増加や関税引き下げなどでタイに代わり輸出を増やしたためであり，後者は，現代自動車のアメリカ現地生産の増加やアメリカ自動車業界のグローバル戦略による輸出増加と分析している。恩恵品目の輸入は，特に自動車の関税率が8％から4％に低下したことにより，アメリカのブランド車の輸入が増加している。

非恩恵品目は輸出が3.6％減少し，輸入は20.1％と大きく減少している。輸出減の中心は，海外生産の拡大で輸出を減らした無線通信機器（-35.2％）や半導体（-7.7％）などである。他方で，非恩恵品目のなかでも自動車や鉄鋼製品は，それぞれ16.9％・10.1％増加している。自動車では，アメリカ国内市場の拡大や韓米FTAによる韓国車のブランド認知度の上昇などが，鉄鋼製品では油田開発の拡大やシェールガス特需などによるエネルギー用鋼管の需要急増が背景にある。非恩恵品目の輸入は，半導体製造用装備（-

32.2％), 航空機及びその部品 (－17.5％) などで大きく減少している。

　政府公表では触れていないが, 以上の恩恵・非恩恵品目の輸出入により, 恩恵品目の貿易収支は17億ドルの黒字であるのに対し, 非恩恵品目の黒字は155億ドルと恩恵品目を大きく上回っている。その結果, 貿易黒字全体の90.1％が非恩恵品目によって占められている点は興味深い。

(2) 韓国農村経済研究院による考察

　KREIも農業部門を対象に, チョン・ミングク他『韓米FTA発効1年　農業部門の影響分析』(2013年) を公表している。そのなかで, アメリカからの農林畜産物輸入の全体像を示したものが表3-8である。

　農林畜産物の輸入額は, 2011年の71.4億ドルから12年は59.4億ドルへ12.0億ドル・16.8％減少している。このうち農産物に限ってみると, 49.2億ドルから40.0億ドルへ18.7％減少しており, 農林畜産物を上回る減少を示している。分野ごとにみると, 2012年の穀物は11年に比べ12.2億ドル・47.8％減少しており, 農産物減少額を3億ドル上回っている。なかでもトウモロコシは18.9億ドルから5.7億ドルへ13.2億ドル・69.9％も減少しており (表略), 穀物及び農産物の減少はトウモロコシによるものである。逆に小麦は, 5.3億ドル

表3-8　農林畜産物の対米輸入動向

(単位：百万ドル, ％)

		2011年	2012年	変化率
農産物	小計	4,918	4,000	-18.7
	穀物	2,542	1,327	-47.8
	果物	366	487	33.1
	野菜	60	80	33.3
	その他	1,950	2,106	8.0
畜産物		1,639	1,338	-18.4
林産物		580	602	3.8
合計		7,138	5,941	-16.8

資料：チョン・ミングク他『韓米FTA発効1年　農業部門の影響分析』を一部修正。
注：いずれの期間も「3月15日から翌年2月28日」までを1年とする。

から7.0億ドルへ32.2％増加している。このような相違は，小麦の場合，アメリカの生産量が増加し，国際価格が相対的に低下したことで輸入が増加したのに対し，トウモロコシの場合，小麦収穫後の6月に異常高温と干ばつに見舞われ9月の収穫に甚大な被害が生じたためである。

他方，輸入額が増加したのが果物と野菜で，ともに33％の増加率を記録している。ただし，その輸入額は果物4.9億ドル，野菜に至っては0.8億ドルと，穀物に比べその規模は小さい。果物では，関税率24％を完全撤廃したチェリーが73.7％と急増し，その他季節関税を採用したブドウは28.6％の増加，同様にオレンジも24.5％増加している（表略）。

チェリーは，韓国国内での生産がごくわずかであるため直接的な影響は小さい。しかしチェリーの輸入増加により，同じ時期に消費するモモやスモモ，ブドウなどの消費が減少し，その結果これら品目の価格に影響を与えていると推察している。

こうした消費の代替関係の実態を探るために，KREIはオレンジを対象として，首都圏在住の消費者に対するアンケート調査を実施している。その結果，輸入オレンジの消費により支出を減らした品目としてイチゴ，ミカン，リンゴ，ミニトマトをあげており，これら品目の消費が減少するといった間接的影響が生じている。その一方で，当該品目の価格低下はみられない。**図3-3**は，卸売市場の価格及び出荷量をあらわしたものである。出荷量は，いずれの品目も2011～12年の変化率はマイナスであり，特にリンゴ51.5％減，ミカン30.5％減と減少幅が大きい。それに対し価格は，イチゴのみ1.3％低下しているが，それ以外の品目は上昇している。特にリンゴは113.6％，ミカンも36.8％上昇している。つまり，チェリーやオレンジを中心としたアメリカからの輸入増加と，代替関係にある品目の需要が減少したにもかかわらず，それを上回る国内生産量の減少が生じたことで，国内価格がむしろ上昇する結果になったということである。

さらに，畜産物の輸入額をみると，2011年の16.4億ドルから13.4億ドルへ18.4％減少している。品目別では，牛肉は6.2億ドルから5.3億ドルへ，豚肉

図3-3 主な代替消費品目の価格及び出荷量の変化率

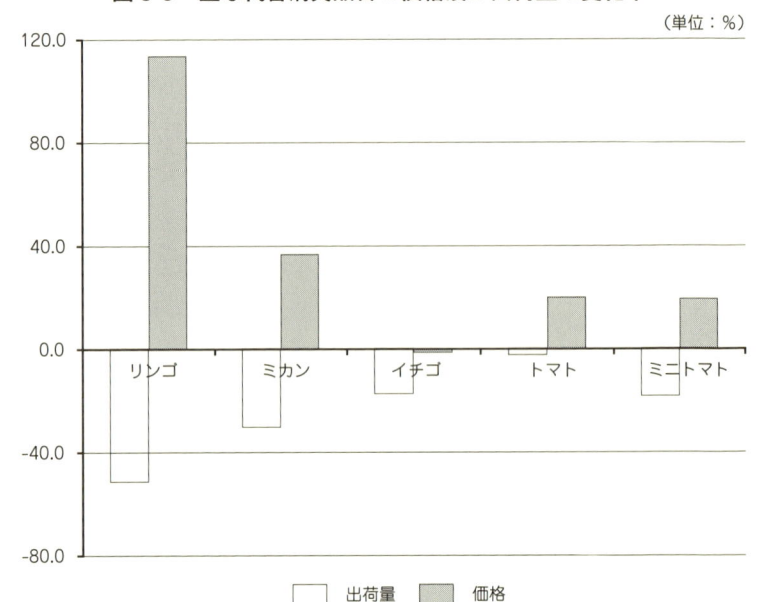

(単位：%)

凡例：□ 出荷量　■ 価格

資料：チョン・ミングク他『韓米FTA発効1年 農業部門の影響分析』より作成。
注：図中は，2011年（3月15日～6月30日）及び12年（同）の変化率である。

5.1億ドルから3.7億ドルへ，鶏肉1.3億ドルから0.8億ドルへいずれも輸入額は減少し，減少率は各15.7％，27.7％，38.1％である。このような結果に対しKREIは，牛肉はアメリカだけではなく，競合関係にあるオーストラリアからの輸入も減少しているが，その減少率は11.3％とアメリカを下回っており，全体的な減少傾向のなかでそれがアメリカに顕著にあわられたこと，豚肉は最大の競争相手国であるEUも韓EU　FTAにより関税が削減されたこと（第4章），鶏肉はブラジルからの輸入価格が低下し輸入が大きく増えたことで，韓米FTAの締結にもかかわらず輸入が減少した原因とみている。その一方で，国外要因だけではなく，国内にも大きな要因が存在している。それは，2010年に韓国で口蹄疫が発生し，その家畜処分の影響で11年に輸入が急増したが，その反動で12年は国内の家畜生産が回復・急増し，国内価格が下落したことで畜産物の輸入が大きく減少したことにあると分析している。

（3）『貿易統計年報』による考察

①全品目

　ここでは，韓国関税庁が毎年刊行する統計書『貿易統計年報』に依拠し，韓米FTA発効前の2011年と発効後の12年の変容について確認する。なお，12年の数値については，韓米FTA発効前の1月から3月14日までの約3ヶ月間の実績も含まれる。

　『貿易統計年報』によると，2011年の対米輸出額は562.1億ドル，輸入額は443.6億ドルであった。これが12年には，輸出は4.1％増加の585.2億ドルに増えたのに対し，輸入は433.4億ドルと2.3％減少している。同期間の韓国全体の輸出は1.3％の減少，輸入は0.9％の減少であることを踏まえると，対米輸出の増加が顕著であることが分かる。

　先述した政府公表及びKREIの考察は変化率の大きさに注目していたが，ここでは少し視点を変え，輸出入額の大きい上位品目に着目してみていくことにする。2012年の対米輸出の上位10品目をみると（**表3-9**），1位は乗用車の103.1億ドルで輸出総額の2割弱を占めている。2位は電話・携帯電話で乗用車の半分の55.5億ドル，1割弱のシェアを有している。3位の自動車部品の輸出額は52.7億ドルで，全体の9.0％を占めている。その結果，上位3品目で輸出全体の3分の1強を占めることになる。4位の石油は29.0億ドルであるが，5位以下は10億ドル台となり，上位10品目の合計は322.7億ドルで輸出全体の55.1％に達する。

　これを2011年と比較すると，輸出額は0.2％の増加とほぼ横ばいである。品目については，1位と2位の入れ替わりが生じていることが分かる。これは，電話・携帯電話の輸出額が4割減少した一方で，輸出額の大きい乗用車が2割増加したことが影響している。それ以外の品目は，船舶を除き順位の変動はみられるが，依然上位10品目を維持している。船舶は，11年には12位に位置していたが，輸出額が2.7倍増えたことで，環式炭化水素に代わりト

表 3-9 韓国における主な対米貿易品目の実態（2012 年）

(単位：百万ドル，％)

		輸出						輸入			
順位	品目番号	品目名	金額	シェア	変化率	順位	品目番号	品目名	金額	シェア	変化率
1(2)	8703	乗用車	10,313	17.6	19.5	1(1)	8542	集積回路	4,247	9.8	12.3
2(1)	8517	電話・携帯電話	5,548	9.5	-39.6	2(2)	8486	半導体等製造機器	2,206	5.1	-4.4
3(3)	8708	自動車部品	5,266	9.0	12.2	3(4)	8802	航空機	1,743	4.0	16.3
4(4)	2710	石油	2,895	4.9	11.1	4(5)	7204	鉄鋼くず	1,187	2.7	-16.4
5(-)	8905	船舶	1,852	3.2	166.9	5(6)	2701	石炭	1,128	2.6	-15.9
6(5)	4011	タイヤ	1,597	2.7	7.8	6(3)	1005	トウモロコシ	931	2.1	-51.9
7(7)	7306	鉄鋼製管	1,521	2.6	14.3	7(7)	2707	蒸留物	840	1.9	-10.4
8(9)	8418	冷蔵庫	1,103	1.9	5.4	8(8)	8411	ターボジェット	839	1.9	-10.3
9(8)	8542	集積回路	1,103	1.9	2.6	9(-)	9031	測定用機器	815	1.9	23.2
10(6)	8473	機械部品	1,074	1.8	-26.6	10(-)	1001	小麦	764	1.8	50.8
上位 10 品目合計			32,271	55.1	0.2	上位 10 品目合計			14,699	33.9	-4.1

資料：『貿易統計年報』（各年版）より作成．
注：1）（ ）の数値は，2011 年の順位を記している．
　　2）「変化率」は，2011～12 年の変化率である．
　　3）順位の（－）は，2011 年の順位が上位 10 位外であったことを示している．

ップ10に入っている。その他，10位の機械部品が3割近くの大きな減少を示しているが，それ以外は増加している。

　他方，12年の輸入品目トップ10は，1位が集積回路の42.5億ドルで，輸入総額の9.8％を占めている。2位は半導体等製造機器の22.1億ドルで，そのシェアは5.1％である。3位から5位は10億ドル台で，航空機や鉄鋼くず，石炭である。6位以下は10億ドルを下回り，輸入全体に占める割合も2％前後にまで低下している。その結果，上位10品目の輸入額は147.0億ドルで，11年に比べ4.1％減少している。輸入全体に占めるシェアは3分の1と，輸出に比べ輸入品目は分散していることが分かる。10品目のうち6品目が前年に比べ減少しており，特にトウモロコシが51.9％と大きく減少している。他方，増加品目では小麦が50.8％増と突出している。また，8位まで順位の変動はあるが品目に変化はなく，9位及び10位の測定器と小麦が20％以上の増加率を記録し，新たにトップ10に入っている。逆に，11年にはトップ10であった機械類と航空機部品が，それぞれ41.6％・10.0％減少したことでランク外に後退している。

　以上の動きを主な指標に限ってではあるが，先の政府による経済効果試算

（**表3-6**）と比較すると，対米輸出は試算では12.9億ドル増えるとみていたが，2011〜12年で23.1億ドル増加しており，試算の約2倍増えたことになる。同様に輸入は，11.5億ドルの増加と見込んでいたが，11〜12年には0.2億ドル減少している。その結果貿易黒字は当初1.4億ドル増えると試算していたが，実際には22.9億ドル黒字が増加している。特に期待された乗用車は，試算では輸出7.2億ドル増，輸入9,700万ドル増，貿易黒字6.3億ドル増と予想していたが，実際には輸出は16.8億ドルと約2倍の増加，輸入は3.4億ドル増と3倍強増え，その結果貿易黒字も13.4億ドルと試算の約2倍増加している。したがってFTA発効後の変化としては，現地生産にシフトしているなか乗用車を中心に輸出が大きく伸びたことと，韓国の輸入が減少したことにより貿易収支も試算以上の黒字を獲得するなど，韓国にとって一定の経済効果があったといえよう。

② 農水産物・食料品の輸入

農水産物・食料品に対象を絞ると，2011年において輸入額が1億ドルを超えるのは13品目あり，そのうちの上位10品目を記したのが**表3-10**である。1位はトウモロコシで，輸入額は19.4億ドルと突出している。農水産物・食

表3-10 対米輸入による農水産物・食料品の上位10品目

（単位：百万ドル）

2011年				2012年			
順位	品目番号	品目名	金額	順位	品目番号	品目名	金額
1	1005	トウモロコシ	1,936	1	1005	トウモロコシ	931
2	0202	牛肉（冷凍）	525	2	1001	小麦	764
3	1001	小麦	506	3	0202	牛肉（冷凍）	407
4	0203	豚肉	461	4	2106	調製食料品	366
5	2106	調製食料品	356	5	0203	豚肉	351
6	1201	大豆	323	6	1201	大豆	309
7	1214	飼料用牧草等	231	7	1214	飼料用牧草等	286
8	0805	柑橘類	181	8	0805	柑橘類	237
9	0802	ナッツ	171	9	0802	ナッツ	237
10	0406	チーズ	140	10	2303	でん粉等かす	157

資料：『貿易統計年報』（各年版）より作成。

表 3-11　農水産物・食料品における対米輸入額の変化率（2011～12 年）

(単位：%)

		50％未満		50％以上	
		36 品目		6 品目	
増加率		コーヒー	45.7	タバコ	93.7
		柑橘類	30.9	チェリー	78.0
		ブドウ	14.2	ジュース	53.9
				小麦	50.8
		7 品目		7 品目	
減少率		家禽	29.2	大豆油かす	90.5
		豚肉	23.9	ミルク	88.3
		牛肉（冷凍）	22.4	大豆油	79.2
		牛肉（冷蔵）	13.0	トウモロコシ	51.9
		大豆	4.4		

資料：『貿易統計年報』（各年版）より作成．
注：1）対象は，対米輸入額 1,000 万ドル以上品目に限る．
　　2）「ジュース」は，果実及び野菜ジュースである．

料品のなかでは唯一，全輸入品目でも 3 位に入っている。2 位は牛肉（冷凍）の5.3億ドル，3 位小麦の5.1億ドル，4 位豚肉の4.6億ドルとつづく。

同様に，韓米FTAを発効した2012年において 1 億ドルを超える品目は11品目あり，11年の家禽と米が 1 億ドルを下回り外れている。上位10品目をみると，依然 1 位はトウモロコシの9.3億ドルで，全輸入品目でみても 6 位に位置している。2 位は小麦の7.6億ドル，3 位は牛肉（冷凍）の4.1億ドルとつづき，前年に比べ両者の順位が入れ替わっているが，トップ 3 の品目に変動はみられない。

さらに，2011～12年にかけて，どのような品目で輸入額の変化が大きいのかを確認するために作成したのが**表3-11**である。なお，輸入額が少ないと変化率が大きくなるため，輸入額1,000万ドル以上の56品目に限定している。

まず，輸入が増加した品目のうち増加率が50％以上の品目は，合計 6 品目ある。主な品目をみると，チェリーが78.0％と大きく増加し，小麦も50.8％と1.5倍に増えていることが分かる。他方，増加率が50％未満の品目は最も多く36品目ある。表中には記していないが，その多くは菓子類や調製品，飲料（コーヒー，ブドウ酒等）などであり，その他は柑橘類（ほとんどがオレンジ）30.9％やブドウ14.2％が該当する。

第3章　韓米FTAの実像と地域農業への影響

逆に，輸入が減少した品目で減少率が50％未満のものは7品目ある。ここには，輸入額で上位10品目にランクしていた大豆，豚肉や牛肉などの畜産物が集中している。減少率が50％以上の品目は7品目あり，輸入額1位のトウモロコシがここに含まれる。

(4) 小括

以上の3つに依拠した韓米FTA後の貿易変化を整理すると，FTA発効後1年において韓国全体の輸出入額が減少するなか，アメリカに対しては輸出が増加し，輸入は全体よりも減少したという点で一致していた。ただし，政府公表と『貿易統計年報』とでは対象期間が異なるため，変化率には相違がみられた。

アメリカへの輸出入では恩恵品目で増加し，非恩恵品目は減少するという対照的な結果がみられた。なかでも恩恵品目で輸出を増やしたのが自動車部品，非恩恵品目で輸出が減少したのが無線通信機器であった。これらは『貿易統計年報』でみた上位10品目のトップ3に入る品目であり，そこでも自動車部品の増加と電話・携帯電話（無線通信機器）の減少という変化は一致していた。前者は部品供給による増加，後者は製品輸出の減少であり，その根底にはともに海外での現地生産の拡大があった。また，非恩恵品目でも輸出を拡大した品目もあり，現地生産を拡大しつつも輸出額が1位であった乗用車が該当する。

対米輸入では，恩恵品目の自動車が増加し，輸入額の上位2・3位に位置する非恩恵品目の半導体製造用装備，航空機及び航空機部品では減少していた。ただし，『貿易統計年報』では航空機は16.3％増加している点で異なるが，例えば航空機部品である8位のターボジェットは10.3％減少しており，航空機と航空機部品を区分すると『貿易統計年報』のような結果になるものと思われる。

農水産物・食料品については，対米輸入で上位10品目に入るトウモロコシや牛肉，豚肉といった畜産物を中心に，農水産物・食料品の輸入額が減少す

117

る一方で，小麦や柑橘類（オレンジ），チェリーといった果実で輸入が増加していた。ただし，牛肉・豚肉に関しては，近年の諸事情を考慮する必要がある。先述したように，2010年末に韓国国内で発生した口蹄疫のため多くの牛・豚の殺処分をおこない，それにともなう国内生産不足をカバーするために11年はアメリカなどから大量の牛肉・豚肉の輸入をおこなっている。そのため12年は11年に比べ，アメリカからの牛肉及び豚肉の輸入が減少している。そのような特殊な事情を排除するため，直近5年（2007～11年の最高・最低を除く）の平均輸入額と12年実績を比較すると，牛肉は64.2％（輸入量では61.8％），豚肉は70.3％（同31.0％）増加している。ただし，牛肉に関しては，07年は狂牛病による輸入禁止，08年は輸入を再開した年ということもあり，64.2％の増加は過大なものといえる（最低は07年，最高は11年である）。このように畜産に関しては，不測の事態による輸入変動が大きいため比較が難しいが，輸入再開後数年を経た10年の実績と比べても，12年は輸入額が19.4％（同12.1％）増えており，FTA発効後アメリカからの牛肉輸入量は増加しているといえる。

またチェリーは，アメリカのチェリー協会が韓米FTAを見据えて韓国国内の量販店でコーナーを設け，試食やマーケティング活動をおこなうなど積極的に準備してきたことが輸入急増の要因である[33]。

次節では，上記の農水産物・食料品のなかから，韓米FTAにより国内農業への被害が当初から予想された柑橘類（オレンジ）と畜産物，なかでも韓米FTAで最も重要な牛肉に焦点をあて，韓国の生産現場にどのような影響が生じているのか，両方の主産地の1つである済州道を対象にみていくことにする。

7．韓米FTAと地域農業の変容―済州道西帰浦市

（1）済州道農業の概要

韓国本土の南西部に位置する済州島（チェジュド）は，1946年に全羅南道から分かれ，広

域自治体の1つである済州道となった。その後，1991年に「済州道開発特別法」[34]，2001年に「済州国際自由都市特別法」を制定し，観光・金融・物流などの複合型開発を促進してきた。それとともに，盧武鉉政権下における済州道を分権及び地方自治のモデルとする構想にもとづき，2006年に「済州特別自治道法」を制定し，広域自治体のなかで唯一国家から各種権限を大幅に移譲された高度の自治を実現している[35]。それと同時に，済州市と北済州郡，西帰浦市(ソギポ)と南済州郡を広域合併し，現在済州道には済州市（済州道の北部）と西帰浦市（同南部）の2市があるのみである。

済州道の産業をみると，地域内総生産（2010年）のうち観光業や販売業などを含むサービス業が全体の3分の2を占め，農林水産業は2割近くを占めるなど両者が経済構造の中心である。特に農業ではミカンが盛んであり，韓国のミカン面積の99％が済州道に集中している。また，放牧を中心とする韓牛も道内経済では重要な位置にある。

済州道の人口は59.2万人（12年），そのうち済州市が43.5万人，西帰浦市が15.7万人で，前年に比べそれぞれ1.8％，0.9％増加している。その背景には，定年退職者による済州道への移住，経済状況にともなう道出身者の本土からのUターンなどがある。

表3-12は，済州市及び西帰浦市における農業概要を記したものである。済州市・西帰浦市の農家数はそれぞれ20,809戸・17,084戸，そのうち果樹農家は46.9％・80.5％を占め，そのほとんどがミカン農家である。同じく経営面積は各28,950ha・24,940haでそのほとんどは畑であり，そのうちの約4割が果樹園である。果樹園の8割強がミカン園—済州市7,438ha，西帰浦市10,751haである。したがって，済州市よりも西帰浦市の方がミカンの主産地であることが分かる。

済州柑橘農協でのヒアリングによると[36]，ミカン農家は60歳以上が中心であり，後継者を確保している農家は20～30％に過ぎず，世帯主夫婦2人による家族経営が多くを占めている。50歳以下の若い農家は，露地栽培からハウス栽培へ転換する傾向が強まっている。ミカン農家の1戸当たり平均面積

表 3-12　済州道農業の概要

(単位：戸, ha, 頭)

		農家数		経営面積・頭数	
		済州市	西帰浦市	済州市	西帰浦市
合計		20,809	17,084	28,950	24,940
農産物	果樹	9,766	13,746	8,467	13,183
	ミカン	8,956	12,698	7,438	10,751
	ハウス	1,783	4,326	932	2,545
	ミカン	1,149	3,931	647	2,215
畜産物	韓牛	397	336	12,783	12,997
	肉牛	103	44	1,938	1,182
	乳牛	46	4	5,354	246
	豚	174	62	253,091	95,631

資料：『農林漁業総調査報告書』(2010年) より作成。

は0.9haで，最大規模が露地栽培で10ha，ハウス栽培で3haである。規模拡大の際には，農地購入と借地によるものがほぼ半々であり，農地価格は10a当たり5,000万～6,000万ウォン，小作料は10a当たり60万ウォンと高額である。

他方，畜産物をみると，韓国には畜産農協が142あり，そのうち済州道には済州市畜産農協，西帰浦市畜産農協，養豚農協の3つの畜産農協がある。前2者は養豚も含めすべての畜産を対象とし，養豚農協は養豚の規模が大きいので，畜産農協をサポートする専門農協として別途設立している。

畜産農家数をみると韓牛が最も多く（**表3-12**），済州市397戸・西帰浦市336戸と両市の間に大きな差はみられない。飼養頭数では豚が突出しており，次に多いのが韓牛で両市とも約1.3万頭と拮抗している。西帰浦市畜産農協によると[37]，概ね肥育牛が45％，繁殖牛が55％と後者の方がやや多い。また西帰浦市の韓牛農家は，60歳以上の高齢農家が中心であるが，約10％の農家が後継者（主に40代）を確保している。

（2）ミカン農家の実態

①概要

済州道におけるミカン農業の基本データについては，済州農協地域本部『2011年産　ミカン流通処理の実態分析』(2012年) に依拠するが，執筆段階

第3章 韓米FTAの実像と地域農業への影響

表3-13 済州道における品種別にみたミカンの生産実績（2011年）

(単位：ha、トン)

	合計		極早生		早生		晩柑類		ハウス	
	面積	生産量	面積	生産量	面積	生産量	面積	生産量	面積	生産量
済州市	6,771	181,440	891	23,498	5,333	144,118	533	12,932	14	892
西帰浦市	13,837	467,237	630	18,501	10,772	362,668	2,154	65,153	281	20,915

資料：済州農協地域本部『2011年産 ミカン流通処理の実態分析』より作成。

では2011年のデータまでしかみることができない。したがって、FTA発効後の2012年以降の変化については、柑橘農協及び農家調査を通じてカバーしたい。

済州道では、1960年代からミカン栽培をはじめ、80年代半ばに農家が独自に日本のハウス栽培を視察し技術を習得しながらハウス栽培を導入している。2000年以降のミカン生産量をみると、2000年の56.3万トンが02年には最高の78.9万トンを記録している。その後、50万トン台後半から70万トン台前半のなかで増減を繰り返しつつ、最新の11年では64.9万トンを記録している。粗収入は、07年を除きここ数年6,000億ウォン台が続いていたが、2011年には最も多い7,642億ウォンを計上している。他方、生産量が最大であった02年は、価格が下落したため3,165億ウォンと2000年代以降で最低水準であった。

2011年の両市の品種別生産実績をみたのが表3-13である。合計では、済州市よりも西帰浦市の方が面積及び生産量ともに多く、面積で2.0倍、生産量で2.6倍、1ha当たりの単収も済州市の26.8トンに対し西帰浦市33.8トンと1.3倍の格差がみられる。ミカンの品種を大きく区分すると4つに分かれ、このうち極早生と早生は露地栽培のミカンが該当する。収穫時期はミカンの細かい品種によって異なるが、概ね極早生で10月のはじめから終わりまで、早生で11〜1月頃までである。デコポンや瀬戸香などの晩柑類は、石油を使用しないハウス（以下「ハウス（石油不用）」）でほとんどつくっており、収穫時期は1〜4月を中心に、全体では12〜6月と幅広い。他方、表中のハウスは石油を使用するものを指し（以下「ハウス（石油使用）」）、収穫時期は6〜9月に集中している。

済州市・西帰浦市ともに早生が突出して多く，面積・生産量ともに8割近くを占めている。西帰浦市で次に多い品種が晩柑類で，そのシェアは面積13.0％・生産量12.0％である。近年では，露地栽培からハウス（石油不用）への転換，あるいは石油価格の上昇のため[38]，石油使用から不用のハウスへシフトするなど晩柑類は増加傾向にある。ハウスの建設には，**表3-5**に記した韓米FTA農業対策の競争力強化を目的とした生産施設近代化の支援を活用しており[39]，一部・全部を含めミカン農家の30～40％がハウスへの転換をおこなっている。さらに近年，収穫・出荷時期の分散を図るため極早生も増加傾向にある。

　ミカンの出荷・用途は品種によって異なる。露地ミカンは，農協出荷が全体の30.1％を占め最も多く，一般市場への出荷29.3％，その他（直販や宅配，島内消費など）21.8％，加工用18.8％とつづく。これに対し晩柑類は，その他55.7％，農協26.4％，一般市場17.9％と直販を中心としたその他が最多である。ハウスは，農協が70.6％を占め，以下一般市場32.4％，その他6.9％と農協中心である。こうした出荷・販売形態の相違にかかわらず，価格差はほとんどない。むしろ農協出荷の場合，ミカン農家による選果場までの運搬作業の負担や販売手数料の徴収などがネックとなり，直販に向かうことも少なくない。

　2011年の1kg当たり平均価格は，露地ミカン1,499ウォン，ハウス（石油使用）4,987ウォン，ハウス（石油不用）の晩柑類で最も生産量が多い品種のデコポンが5,427ウォン，その次に生産量が多くミカンのなかでは高価格のつく瀬戸香が6,267ウォンである。10a当たり所得でみると（2011年），露地ミカンは228万ウォン（所得率72.6％），ハウス（石油使用）1,442万ウォン（所得率46.8％），ハウス（石油不用）633万ウォン（68.4％），そのうちデコポンが1,037万ウォン（69.4％），瀬戸香1,015万ウォン（67.7％）となる。

　このようにみると，コストはかからないが所得の低い露地ミカン，石油代を中心にコストは多く要するが所得の高いハウス（石油使用），その中間に位置するハウス（石油不用）といった価格・所得関係をみることができよう。

②Dさん

　Dさん（57歳）が居住するヒョドン洞は，現在約2,000戸の農家がおり，その95％がミカンの単一経営農家である。最近10年では，ミカン農家数は一定しており，すべてのミカン農家で露地栽培をおこなっている。そのうち規模の大きい農家は，ハウス栽培にも取り組んでおり，そうした農家は全体の4割に及ぶ。

　Dさんの同居世帯員数は4人で，Dさん夫婦が主な家族労働力である。長男（29歳）も同居しているが[40]，会社員であるため週末や休日に農作業を手伝う程度である。Dさんは，学校卒業後ミカンの専業農家となり，現在の経営面積は露地3haとハウス0.7haの計3.7haである。これは，Dさんが就農した年（父親の代）よりも2倍の面積に増えており，約10年前からDさんが規模を拡大している（直近5年では規模に変化はない）。現在の規模は，済州道で上位10％以内に入る大きさである。そのため，ミカンの収穫期とハウスのビニール張りに臨時で5人ほど雇用している。

　Dさんも当初，露地栽培のみ取り組んでいたが，1987年と比較的早い段階でハウスを開始している。その背景には，次の2つのことが関係している。1つは，日本語の分かる奥さんが，日本の果樹専門雑誌を参考に，ハウス栽培の知識や技術を習得できたことである。いま1つは，韓国において1984～85年の果実における最高所得品目がバナナであったことから，Dさんも植物の廃油を活用したバナナの苗木生産に取り組むことで一定の利潤をあげ，その利潤をハウス設備の原資に充当することができたことである。なおバナナの苗木生産は，輸入バナナが急増したため89年に撤退している。

　露地栽培は，12～3月にかけて収穫・出荷している。ハウスは，3年前までは石油を用いたハウス栽培をおこなっていたが，ここ数年石油価格が上昇しコスト面で経営が厳しくなったため，3年前から人工的に加温・保温させる設備を導入したハウス（石油不用）の晩柑類に転換している。晩柑類の出荷時期は，1～5月初旬である。Dさんは，農協に90％強を出荷し，残りを直接販売している。価格差はほとんどないが，農協出荷では販売手数料が10

〜15％徴収されるため，直接販売した方が最終的には20％ほど収入が増えることになる。

　韓米FTAによる影響は，季節関税により9〜2月まで現行関税率が適用されるため，その時期に収穫・出荷する露地栽培にはほとんど影響はみられない。他方，収穫・出荷時期と輸入時期が重複する晩柑類では影響が生じている。Dさんによると，アメリカからの輸入オレンジの影響で，FTA発効前には1kg当たり5,000〜6,000ウォンの価格で取引されていた晩柑類が，2012年には1,000〜1,500ウォン低下したとのことである。さらに問題は，価格が一度低下するとその水準に張り付いてしまう恐れがあるとともに，それが露地ミカンの価格形成にも少なからず悪影響を及ぼす危険性があるということである。

　Dさんとしては，価格は卸売市場で形成されるため，農家は価格低下に対し手の討ちようがないというのが現実である。その一方で主体的におこなえることは，1つには流通コストを引き下げることである。露地ミカンでは，数年前からネット販売に取り組んでおり，ハウスミカンも転換後はじめて収穫した2012年から開始するなど直接販売の比重をより高めていくつもりである。いま1つは，生産時期の調整やそれに合わせた品種の選定をおこない，オレンジ輸入と時期が重複しないようにすることである。

③Eさん

　もと農協職員で現在55歳のEさんが居住するフィス洞には，180戸の農家がいる。10年前にはユリを中心とした花卉農家が12戸いたが，労働力不足のためミカン農家に転換し，現在は180戸すべてがミカンの単一経営農家である。

　家族労働力はEさん夫婦2人であり，長男（23歳）は大学生である。ミカンの収穫期には，約30人を臨時雇用している。以前はプマシ（日本の「結い」に相当）が一般的であったが，20年くらい前から会社勤めや他出している人も多く労働力が不足するなど，昔のような平等・同質ではなくなってきたため，賃金支払いが主流となっている。

経営面積は2haで，露地栽培1.3haとハウス（石油不用）0.55ha・ハウス（石油使用）0.2haである。このうちハウス（石油不用）は，5年前に露地栽培の一部0.4haを転換したものである。もう1つのハウス（石油使用）は，年間3万リットルの石油（金額換算で3,500万ウォン）を使用しており，重いコスト負担となっている。現在の経営規模2haでは農業専従が難しいため，今後1haほど規模を拡大する意向である。拡大は農地購入で考えており，20～30年ローンで総額5億ウォンかかるとみている。購入した農地はすべて露地栽培にし，その後の資金状況や労力のバランスを踏まえ，少しずつハウス（主に石油不用）に転換していく予定である。

　収穫時期は，露地栽培が12月で，ハウス（石油不用）が2～3月，ハウス（石油使用）は6月末～7月上旬である。これら3つに取り組むのは，労働力の分散を図るためであると同時に，農業所得が得られる時期をできるだけ長く保ちたいためである。ミカンはすべて農協に出荷している。Eさんも露地ミカンは，アメリカ産オレンジの輸入と時期がずれるため問題はないとみている。だがハウスミカンは，いずれも時期が重複するとともに，オレンジの輸入量が2012年には3万トン増えたこともあり，ミカン価格に影響が生じている。具体的には，韓米FTAによるオレンジ輸入の増加がなければ，12年の晩柑類は1kg当たり1,000～1,500ウォンほど収入が増えていたとみている。また生食用だけではなく加工ジュースの輸入も増えており，加工用ミカンの価格低下が生食用に影響を与えることも懸念している。その一方で，オレンジの品質問題や韓国人の嗜好の相違から，オレンジの輸入量が増加するとしても，20万トン（12年輸入量17万トン）以上には増えないのではないかとみている。

④小括

　済州道は，韓国のなかでも特にミカン栽培が集中した地域であり，経済的にも重要な品目であった。そうしたなか，韓米FTAの発効によりミカン生産への影響を緩和するために，アメリカからの輸入オレンジに対して季節関

税が採用されていた。すなわち，3～8月は20ポイント削減の関税率30％から開始して7年目には完全撤廃するが，9～2月は50％の現行関税率を維持するという仕組みである。この季節関税が有効的に機能するのは，その時期に収穫・出荷する極早生・早生の露地栽培が中心であり，これらが西帰浦市のミカン生産の8割強を占めていた。

ところが，近年所得が低い露地栽培から晩柑類のハウス（石油不用）への転換や，同じ晩柑類でも石油価格の上昇にともなうコスト負担の軽減から，石油を用いるハウスから用いないハウスへの転換といった動きが顕著になりつつある。その晩柑類のハウス（石油の使用及び不用）は，アメリカからの低関税のオレンジ輸入と収穫・出荷時期が重複することで，少なからず影響が出ていた。

アメリカからのオレンジ輸入は，季節関税から外れる3月と4月に集中しており，両月を合わせた輸入シェアをみると，輸入量64.9％・輸入金額65.3％を占めている（2011年）。2012年も各64.6％・65.5％と大きな変化はみられない。晩柑類のなかで生産量が最も多いデコポンと高価格のつく瀬戸香について，輸入が集中する3～4月の1kg当たり平均価格をみると，FTA発効前（2011年）はデコポン4,660ウォン，瀬戸香6,290ウォンであった。だが，FTA発効後（2012年）は各3,980ウォン，4,670ウォンとなり，それぞれ680ウォン・14.5％，1,620ウォン・25.8％減少している[41]。これは，Dさん，Eさんが述べた価格低下分とほぼ一致しよう[42]。2011年産の経営収支にもとづくと，デコポンは10a当たり310万ウォン（反収3,091kg×減少額680ウォン）の収入減少となり，それに所得率68.4％を乗ずると215万ウォンの所得の減少となる。同様に，瀬戸香は反収2,966kgと減少額1,620ウォンにより収入で480万ウォン，所得（所得率67.7％）で325万ウォン減少していることになる。

済州柑橘農協によると，国内（済州道）のミカンは以前は糖度が低かったが，現在は糖度も上昇し競争力の強化が図られており，特に晩柑類についてはオレンジよりも糖度がよい。味・糖度・価格面において序列化するとすれば，露地ミカン＜オレンジ＜晩柑類という位置関係になる。だが，晩柑類の

価格・収入・所得も，オレンジの輸入拡大に引っ張られる形で低下しているのが実態である。

(3) 韓牛農家の実態

①Fさん

Fさん（40歳）が居住するチュンムン洞には，1,000戸の畜産農家がいる。Fさんの父親（71歳）は，30年以上前からミカンと韓牛に取り組む専業農家であり，Fさんも幼少期から父親のうしろ姿をみてきたことや，畜産は競争力と将来展望があると判断し，10年間勤めた電気関係の仕事を退職して2006年に就農している。

7年前の経営規模は，露地ミカン1haと韓牛10頭であった。このうちミカンは，労力不足から借地0.5haを返還し，現在は所有地0.5haのみで栽培している。韓牛は，現在120頭まで拡大し，そのうち肥育牛が90頭，繁殖牛が30頭である。昔から済州道には，ハンラ山にマウル単位で共同牧場を有しており，Fさんも繁殖牛はチュンムン牧場に5～11月の期間，放牧している。ただし，無産のメス牛は畜舎で飼育し，放牧は経産牛だけである。韓牛は，農協の配合飼料を使用し[43]，無抗生剤で飼育するとともに，HACCPを導入している。家族労働力はFさん1人であり，父親は独立経営で韓牛を120頭飼育している。

Fさんの経営は，現在肥育が中心であり，繁殖は補助的なものである。そのため肥育は，自家繁殖によるものよりも市場から購入したものが多い。韓国の牛肉レベルは5等級（1++，1+，1，2，3等級）に分類される。Fさんの場合，現在1++等級が25～30％，1+等級50％，1等級20～25％の比重となり，前2者の比重は計75～80％である。だが，自家繁殖のみに限定すると，概ね1++等級50％，1+等級50％となり，最低でも両者で98％近くに達する。経営面でみれば，両者の比重が90％を超えれば問題はなく，現在の75～80％と比較しても収入で2倍の差が生じることになる。これは，現在子牛を複数市場から購入することで，肉の品質が均一化しないためである。

したがって今後は，すべて自家繁殖・肥育に転換し，人工授精による自家繁殖の強化とその拡大を通じて品質改良を進め，競争力を高めていく意向である。加えて飼養頭数は，出荷管理の上で効率的かつ競争力が最もよい300頭を目標としている。

　韓牛1kg当たり卸売価格（2013年7月）は，1++等級1.8万ウォン，1+等級1.5万ウォン，1等級1.3万ウォン，2等級1.1万ウォン，3等級0.7万ウォンであり，1年前の韓米FTA発効直後に比べ，1++等級で1,000ウォン，それ以外は2,000ウォンくらい低下している。Fさん及び韓牛農家，畜産農協としては，韓牛で1頭当たり100万～150万ウォン程度の収入が減少しているとみている。西帰浦市における韓牛1頭当たりの平均体重は700～800kgである。Fさんによると，体重が700kgを割ると経営が赤字になるため，それを回避するためにも人工授精による自家繁殖に力を入れ，さらに混合飼料（TMR）の導入も視野に入れている。Fさんは，頻繁に日本やオーストラリアで視察研修をおこない，自身も農業マイスター制度（農林畜産食品部）を修了するとともに，人工授精の実験や農協及び飼料生産会社からの経営コンサルタントも受けるなど積極的に活動を展開している。

　肥育牛は80％が農協に，20％が仲買人を通じて出荷しており，両者とも価格は同じである。Fさんとしては，できるだけ農協を通じて販売したいと考えている。だが，1つは需要との関係で，農協が全量買い取ってくれるわけではないこと，いま1つは韓国の肥育牛は30ヶ月齢での出荷が最も経済的であるが，農協の対応を待っていると30ヶ月を過ぎてしまうこともあるため，20％が農協以外での出荷となっている。Fさんが農協を希望するのは，農協出荷のうち一定の条件を満たしたものはブランド名で販売できるからである。このブランド化は，済州道の3つの畜産農協が中心となって進めているものであり，ブランド販売のためには，畜産農協下のブランド協会に加入しなければならない。加入の条件として，①農協組合員であること，②年会費30万ウォンを納めること，③飼養頭数が30頭以上であること，④人工授精をしていること，の4つを満たす必要がある。2011年の加入農家数は300戸であっ

たが，13年は600戸まで拡大しており，加入後はブランド協会の提示するプログラムに即して飼育しなければならない。さらに品質をより高めるために，1++等級で1kg1,000ウォン，1+等級700ウォン，1等級500ウォンのインセンティブが協会から付与される（2・3等級はなし）。したがって，1頭当たり1++等級で40万～50万ウォンのインセンティブとなる。

韓米FTAによる影響は，先に価格及び収入の低下で触れたように大きく発生している。さらに，韓国において牛肉は景気に左右されやすい食材であるため，昨今の経済低迷により消費も減少傾向にあり，それが価格低下に拍車をかけている。このような事態に対抗するため，先述したようにFさんは，自家繁殖による1++等級と1+等級を中心とした韓牛の差別化を目指している。

②Gさん

地域農協の前理事であるGさん（60歳）が畜産経営をするハウォン洞には，畜産農家が17戸いる。10年前に比べ高齢化や後継者不在で10戸ほど減少している。17戸のうち60歳以下が35～40％を占め，残りの6割強が60歳以上である。だが，60歳以上農家のうち1戸以外は後継者を確保している。後継者は40代が多く，会社退職後に専業として就農した農家，会社員と畜産業，自営業と畜産業という3つのパターンであり，ほぼ3分の1ずつの割合を占めている。

Gさんは，5年前に最大で120頭の繁殖・肥育牛を飼養していたが，そのうち90頭の経産牛は肉牛として出荷し，生まれた子牛30頭のみを飼育している。また，露地ミカンも3ha栽培していたが，2011年にすべての借地1.5haを返し，現在は露地ミカン67a・ハウス（石油不用）83aを経営している。借地の返還は，ハウスへの転換に際し規模を縮小することに加え，小作料や臨時雇用などの人件費問題も関係している。家族労働力は1人で，妻や長男（33歳，会社員）は本土で生活している。ミカンの農繁期に臨時で年間約30人を雇用している。

Gさんとしては，韓牛を拡大したいが，経営面でミカン栽培の方が優位なので，現在はハウス（石油不用）を経営の中心においている。規模の拡大だけに焦点を絞れば，ハウスミカンよりも韓牛の方が，以前のように100頭規模に拡大するのは容易である。だが，韓牛を縮小したのは，韓米FTA発効を画期に不採算に陥ったことが大きな原因である。

　Gさんによると，韓米FTAによる牛肉の輸入が国内価格に大きな影響を及ぼしており，この1年間で国内価格は10％程度下落したとみている。もちろん，景気の低迷による消費の低下も要因の1つであるが，韓米FTAが価格下落の最大要因とみている。ミカンに力を入れていくGさんにとって，アメリカからのオレンジ輸入も済州道のミカンに大きな影響を与えており，特に輸入時期の重なるハウスミカンへの影響が大きいと指摘する。

③小括

　済州道農業にとっても畜産業は重要な位置にあるなかで，韓米FTAの締結により関税が段階的に削減・撤廃されることとなった。FTA発効前後の2011〜12年を比べると，アメリカからの牛肉輸入は減少していた。だが先述したように，11年の口蹄疫による大量輸入という不測の事態を踏まえ，直近5年の平均及び2010年と比較すると輸入量・輸入金額ともに増加していた。

　こうした輸入の増加は，調査農家が指摘した国内の牛肉価格の低下となってあらわれていた。Fさんや畜産農協は，韓牛1頭当たり100万〜150万ウォン価格が低下しているとし，Gさんは10％の価格低下が生じていると指摘していた。実際，韓米FTA発効後1年間の影響を踏まえ，はじめて韓牛農家に対しFTA被害補填直接支払制度を発動している。その詳細は第5章で触れることにするが，いずれにせよ調査農家も指摘したように，韓米FTAによる国内価格の低下という被害が発生している。

　一方，韓牛農家も人工授精による品質改良に取り組むFさんと，規模を縮小しミカンとの複合経営に力点をおくGさんのように，韓米FTAを画期に異なる動きもみられた。また畜産農協によると，経営コストの削減に取り組む

農家が増加しているとのことである。韓国も飼料のトウモロコシは，アメリカやオーストラリアから主に輸入しているが，近年のトウモロコシ価格の上昇が生産コストの増加要因となっている。そこで，トウモロコシだけではなく米の籾殻を混ぜたり，済州道内のアワを飼料にするなどコストの削減に取り組んでいる。

8．韓米FTA農業対策の実像

　農業分野では，米を除くほとんどの品目で最終的には関税が撤廃されることとなり，牛肉・豚肉を中心にオレンジやブドウなど一部果実の対米輸入の増加と国内生産の減少が危惧されていた。実際，季節関税で守られていない期間のミカンや韓牛では，アメリカからの輸入と競合が生じ価格の低下もみられた。

　このような国内農業への影響に対し，韓国のFTA農業対策は韓チリFTAを皮切りに策定した農業・農村総合対策の119兆ウォンをはじめ，韓米FTAでは23.1兆ウォンを計上していた。この119兆ウォンという巨額の支援額に対し，例えば読売新聞（2010年11月7日）では「04～13年の10年間で総額119兆3,000億ウォン（約8兆7,000億円）に上る農業・農村支援計画を発表」と記し，また日本経済新聞（2010年12月30日）は「農家の所得補償などに04～13年で年間農業予算の7倍の119兆ウォン（約8兆6,000億円）を投入。年平均額は日本の戸別所得補償の11年度予算8,000億円規模を上回る」など，日本の財界や報道機関は，韓国政府が押し進める自由貿易とその被害を受ける農業分野への思い切った政策対応を評価している。

　ところが，これら新聞報道や政策対応の評価については誤謬が存在する。第1に，農業・農村総合対策の119兆ウォンは，対策期間である2004～13年の農林予算を積み上げたものに過ぎない。04年の農林水産予算は12.9兆ウォンであり，これを単純に10倍すると129兆ウォンとなる。そこには「水産」予算も含まれるため過大な数値となり，正確に119兆ウォンになるわけでは

ないが，この「119」という数値には政治的なメッセージが含まれている。すなわち，「119」は日本で緊急時に通報する「119番」に相当し，「緊急対応する」というメッセージを意識し119兆ウォンとしたものである。

第2に，先の日本経済新聞はこの119兆ウォンの年平均額が，日本の戸別所得補償の2011年度予算の8,000億円規模を上回ると指摘している。しかし，119兆ウォンの年平均額とは，韓国の年間の農林（水産）予算を意味するのであり，年間予算総額と日本の一施策の予算額を比較しても意味はない。

第3に，韓国の農林畜産食品部主幹の予算額は，2004年の11.6兆ウォンから13年には13.5兆ウォンへ16.4％増加している。ただし，12～13年は1.1％マイナスに転じている。その一方で，国家予算に占める割合は，04年の6.3％から13年の4.0％へ低下している。日本の財界及び報道機関は，農業分野への思い切った政策対応を評価するが，12～13年は減額されるとともに，04～13年でみても国家予算を下回る増加率でしかなく相対的に減少しているのが実態である。

第4に，先述したように韓米FTA農業対策のうち10.1兆ウォンは119兆ウォンと重複しており，第1の点と合わせ二重の意味で新たな予算措置を講じたものではない。

第5に，韓米FTA農業対策は，韓米FTAの被害を補填するよりも競争力を強化することに重点をおいていることを先述した（**表3-5**）。しかしその支援内容の多くも，低金利融資あるいは利子補給が中心であり，政府による強力な支援が受けられるわけではない。換言すると，政府にとっては予算規模ほどの実負担が生じるわけではない。

注
（1）オ・ヨンホ『ノ・ムヒョン，最後のインタビュー』オマイニュース，2009年，pp182～188。
（2）韓米同盟を単なる「半島同盟」とみるか，より広い地域安全保障のための「地域同盟」とみるかについての議論は，阪田恭代「米国のアジア太平洋集団安全保障構想と米韓同盟」（鐸木昌之他『朝鮮半島と国際政治』慶應義塾大学出版，

2005年）を参照。
（3）大矢根聡「アメリカの多国間主義をめぐるサイクル」大矢根聡編『東アジアの国際関係』有信堂，2009年，pp246～249。
（4）河英善「米国のグローバルガバナンスと北東アジア」小此木政夫他『東アジア地域秩序と共同体構想』慶應義塾大学出版，2009年，p104。
（5）チョン・ヨンシク『21世紀の韓米同盟はどこへ？』ハヌル，2008年，pp167～171。
（6）同上。
（7）磯崎典世も，韓国のFTA推進と外交・安全保障との関係を考察している（磯崎典世「韓国におけるFTA戦略の変遷」前掲著『東アジアの国際関係』）。
　　磯崎は，韓国がFTAを梃子とした新たな北東アジアの秩序形成を進めることで「脱冷戦」を図ろうとし，当初日本をそのパートナーとしたが，FTA交渉の停滞や歴史・領土問題の噴出で頓挫した。他方，当初北朝鮮に強硬姿勢であったアメリカが，6カ国協議など新たな地域秩序の構築へ方針転換し，それが韓国の北東アジアの秩序形成とマッチするものであったため，外交戦略上の重要性から韓米FTAが急速に展開したとする。
　　韓国が独自に北東アジアの秩序形成を模索するにしても，北朝鮮による軍事的脅威の継続とアメリカを抜きにしたそれへの対峙は現実的ではない。むしろ同書の別稿「アメリカの多国間主義をめぐるサイクル」（大矢根聡）で，アメリカの意図はアメリカの価値観を全世界に広げるという単独主義的な要素を内包しがちであると指摘するように，韓国の思惑だけで形成できるものではなく，21世紀以降のアメリカの動きを軸にトレースする必要があろう。
（8）キム・ヒョンジョン『キム・ヒョンジョン，韓米FTAを語る』ホンソン社，2010年，p91。なお，キムは韓米FTA交渉時の通商交渉本部長（責任者）である。
（9）韓米FTAの賛成派と反対派による包括的かつ個別項目に対する議論・討論として，イ・ヘヨン他『韓米FTA　1つの協定　交錯した「事実」』（シデエチャン，2008年）がある。
（10）前掲書『韓米FTA　1つの協定　交錯した「事実」』pp255～256。
（11）韓米FTA発効後，ISD利用として注目されたのが，米国系ファンドであるローンスターのベルギーにある子会社が，韓国政府を相手に国際投資紛争解決センターへ提訴した件である。ただし，米国系ファンドのため韓米FTAと結び付けて論じられているが，正確には韓米FTAではなく，韓国・ベルギー投資協定にもとづく提訴である。
　　提訴の内容は，1つは韓国の金融委員会によって，子会社が所有する外換銀行の株式売却が遅れたことによる損失（株価の下落）約2兆ウォンに対するものであり，いま1つは株式売却時にともなう収益への課税（約3,900億ウ

ォン）が不当であるというものである。後者については，子会社側はベルギー当局もベルギー法により設立した会社であると認めており，企業の属するベルギーで課税されるべきとするのに対し，韓国サイドはベルギーの子会社は形式的なものであり，実態は韓国国内での経済活動であるため韓国で課税するのが妥当という主張である。新聞報道によると，2013年5月に仲裁裁判長を選出し仲裁判定部が構成され，裁定まで3年近くを要するようである（「ハンギョレ新聞」2013年5月14日）。

(12) 韓米FTA発効前に両国間でおこなった韓米FTA履行点検協議の内容は，協定発効後3年間非公開にすることで合意している（2012年2月22日ブリーフィング）。この履行点検協議は，両国がFTA協定を忠実に履行するために，両国内においてどのような法令や措置を講じたのか，あるいは講じる予定なのかを相互に確認するものである。つまり，履行の細部において，両国がどの程度現状と問題を把握・指摘し，それを正したのか，あるいは正せるのかといった点が，国民の目にはさらされない状態が続くといった問題点を抱えている。

(13) 地下鉄や開発公社の役員として外国人は除外するというもの。

(14) 学校給食に国内の農水畜産物を優先使用する際に費用の一部を支援するというもの。

(15) 輸入証紙の販売者を選定する際に，特定の団体に優先権を付与するというもの。

(16) 屋外広告物の安全度の委託検査者に対し，館内に事務室の設置が必要というもの。

(17) 管外地域の特産物を販売する際に，自治体首長の事前承認を必要とするもの。

(18) 公共施設の売店及び自販機の設置契約の際，障害者などに優先契約権を付与するというもの。

(19) 地域開発事業者の選定では，地域住民の雇用及び地域業態を選定するというもの。

(20) 他の道（行政区―筆者注）で登録した自動車のリース業者は，旅客自動車の運輸事業を営為できないよう規定している。

(21) 郷土料理店の食材は域内農産物を優先利用すること，かつ親環境農産物は域内生産物に限定すること。

(22) 特産物の指定を受けようとする者に対し，住民登録及び一定の営業期間が必要であること，また地域特産物の展示場に外国産輸入品を展示販売することを禁止するというもの。

(23) カン・キホン『FTAの履行による地方自治団体の自治法規の改善法案』韓国法廷研究院，2013年，pp47～58。

(24) カク・クンジェ「韓米FTAの発効による自治体の役割」カク・クンジェ他『韓米FTAの影響と評価』ハプブンス，2013年，p198。

(25) 韓米FTA阻止汎国民運動本部「韓米TA発効1年の評価に対する討論会」2013

年3月資料.
(26) ブドウの季節関税は，5月～10月15日までは現行関税率45％を17年かけて撤廃するのに対し，それ以外は関税率24％で開始し5年目に撤廃することで合意している．
(27) 国際経済交流財団『EU・韓FTA等韓国の貿易政策等が日・韓自動車産業の競争力に与える影響に関する調査研究』2011年．
(28) アメリカの輸入量は，関税庁『貿易統計年報 2011年』，それ以外の数値は農林水産食品部『農林水産食品主要統計 2012年』による．
(29) 韓国企画経済部『経済白書2011』2012年，pp48～49．
(30) アメリカ国勢調査局ホームページによる．http://www.census.gov/foreign-trade/Press-Release/current_press_release/
(31) U.S. International Trade Commission "U.S.-Korea Free Trade Agreement: Potential Economy-wide and Selected Sectoral Effects" 2007.
(32) 韓米FTAは，発効後丸1年を経過していなくても，すなわち2013年1月1日からFTA履行の2年目としてカウントされ，そこから2年目の約束事項が実行される．その点，『貿易統計年報』を利用することで期間のズレの解消が可能となる．
(33) キム・テゴン研究員（韓国農村経済研究院）からのヒアリングによる．
(34) 済州道開発特別法とその具体的内容については，趙文富「韓国の地方自治と地域開発」（小原隆治・趙文富編著『日韓の地方自治と地域開発』第一書林，2005年）を参照．
(35) 済州特別自治道については，李憲模「地方自治構造の再編」（『中央学院大学法学論叢』第21巻第1号，2007年）を参照．
(36) キム・スギル経営管理本部長（済州柑橘農協）からのヒアリングによる．
(37) ソン・ボンソプ組合長（西帰浦市畜産農協）からのヒアリングによる．
(38) ハウス（石油使用）の平均的な経営状況をみると，石油コストは2010～11年にかけて30％上昇しているのに対し，その間の所得は11.3％伸びているに過ぎない．
(39) 支援の主体別割合は，国50％補助・30％融資・20％自己負担であり，韓米FTA農業対策が終了する2017年までの支援である．
(40) 2014年から会社の宿舎のある済州市で居住するため，他出あとつぎとなる．
(41) 韓国農村経済研究院「観測情報」（各年版）より算出．
(42) 同上．
(43) 配合飼料の価格は，5年前に比べ1kg300ウォンほど上昇している．

第4章

韓EU　FTAと国内養豚の対応

1．はじめに

　韓国は，2011年7月にEUとのFTAを発効している。韓国がEUとFTAを結んだ背景には，次のような理由がある。第1は，第1章で触れた巨大経済圏との包括的なFTAも推進するとした「FTAロードマップ」にもとづいたものである。第2は，EUは中国に続く2位の貿易相手国であることである。第3は，日本や中国，さらにはASEANといったアジアの経済大国もEUとはFTAを締結しておらず，これらの国・地域よりも先にFTAを締結することで，競合する自動車や電気・電子分野の市場に有利に参入・開拓する，いわゆる先行利益の獲得のためである。第4は，アメリカとのFTA交渉を通じて習得した知識や手段，経験などにもとづくFTA交渉への自信なども関係していよう。

　他方EUは，FTAを通じた市場の開拓や公正な競争条件の確保を目的とした新通商戦略「グローバル・ヨーロッパ」（2006年）を打ち出し，FTAの交渉相手国・地域として韓国・ASEAN・MERCOSUR（南米南部共同市場）を最優先に，その次にインド・ロシア・GCC（湾岸協力会議）を位置づけている[1]。その選定基準は，相手国・地域の市場潜在力（規模と成長性），関税及び非関税障壁の有無とその水準，EUの輸出競合国とのFTA締結状況などである。しかしより現実的な視点に立てば，第1に韓国が実際にアメリカとのFTAで合意に達し（2007年4月），EUとしては韓国に対し，経済大国とのFTA締結の現実性が確認できたこと，第2に韓米FTAによる韓国市場でのアメリカ企業の優位性と先行利益の獲得に対し，逆にEU企業が韓国

市場から閉め出されることに対する危機感が高まってきたこと，第3に韓米FTAは包括的で高水準の内容で合意しており，EUにとっても魅力的な内容・水準が期待されることである。実際後述するように，韓EU FTAでは最恵国待遇による韓米FTAの合意内容の適用，あるいはそれに準ずる水準での合意も少なくない。

　このような両者の思惑から，韓米FTAが合意に達した翌月の2007年5月に韓EU FTA交渉を開始し，8回の交渉を経て09年10月に署名，11年7月に発効している。そこで本章では，まずFTA締結前の韓国とEUの貿易実態を確認したのち，韓EU FTAの協定内容と政府による影響試算を明らかにする。それとともに，FTA締結後の貿易の変容，特に農産物・食料品輸入に焦点をあてるとともに，そのなかで最も影響が懸念される豚肉について，大韓韓豚協会でのヒアリング調査も含め考察する。

2．対EU貿易の全体像

　韓EU FTA発効の前年である2010年の韓国の輸出総額は4,664億ドルである。最大の輸出相手国は中国で，全体の4分の1に相当する1,168億ドルである。EUは11.5％のシェアを占める535億ドルで2位の相手国であり，アメリカを上回る。同じく輸入総額は4,252億ドルで，日本が15.4％（653億ドル）と最も多く，以下中国15.1％（641億ドル），ASEAN11.4％（484億ドル）とつづく。EUは393億ドルで全体の9.2％を占め，5位に位置している。貿易収支をみると，全体では412億ドルの黒字であり，EUに対しては142億ドルの黒字で，中国の527億ドルにつぐ黒字相手国である。このように韓国にとってEUは，輸出・輸入双方で大きな地位にあり，しかも貿易黒字全体の3分の1を占めるなど重要な貿易パートナーである[2]。

　そこで，EUとの輸出入品目について，金額の大きい上位5品目をあらわしたのが表4-1である。輸出の1位は船舶で117億ドルと突出して大きく[3]，EUへの輸出総額の21.9％を占めている。2位以下は，液晶デバイス49億ドル，

第4章　韓EU　FTAと国内養豚の対応

表4-1　韓国の対EU輸出入金額の上位5品目（2010年）

（単位：百万ドル，％）

	輸出					輸入			
	品目番号	品目名	金額	シェア		品目番号	品目名	金額	シェア
1位	8901	船舶	11,708	21.9	1位	8486	半導体	2,543	6.5
2位	9013	液晶デバイス	4,894	9.1	2位	8703	乗用車	1,963	5.0
3位	8517	電話機・携帯電話	3,717	6.9	3位	3004	医薬品	1,309	3.3
4位	8703	乗用車	3,312	6.2	4位	8542	集積回路	1,024	2.6
5位	8708	自動車部品	2,946	5.5	5位	8708	自動車部品	1,008	2.6

資料：『貿易統計年報』（2010年）より作成。

電話機・携帯電話37億ドル，乗用車33億ドル，自動車部品29億ドルと続き，上位5品目で全体の49.7％を占めている。他方輸入は，1位の半導体のみ20億ドルを超え，EUからの輸入総額の6.5％を占めている。2位の乗用車以下，医薬品，集積回路，自動車部品は10億ドル台で，輸入総額に占める上位5品目のシェアは20.0％である。

このようにEUへの輸出は特定の品目に集中しているのに対し，EUからの輸入は薄く広い品目・分野に及んでいる点で対照的である。以上の結果，大幅な黒字は船舶116.5億ドル，液晶デバイス47.5億ドルや電話機・携帯電話34.4億ドルなどの電気・電子が占め，大幅な赤字は半導体24.4億ドル，医薬品12.9億ドルが中心である。

また，農水産物及び食料品の貿易実績をみると（表略），輸出品目では魚7,342万ドル，魚肉2,155万ドル，イカ・タコなどの軟体動物1,665万ドルなど水産物が中心である。他方，輸入はのちに詳しくみるが，豚肉2億7,678万ドル，リキュール2億3,916億ドルなどである。貿易収支では，最も黒字幅の大きい魚5,264万ドルに対し，赤字は豚肉2億7,678万ドル，リキュール2億3,882万ドルと一桁異なるように，農水産物及び食料品は韓国にとって大きな赤字分野の1つといえる。

3．FTA協定内容

韓EU FTAは，第1章：目的及び一般定義，第2章：商品に対する内国民

待遇及び市場アクセス，第3章：貿易救済，第4章：貿易に対する技術障壁，第5章：衛生及び植物衛生措置，第6章：関税及び貿易の円滑化，第7章：サービス貿易・設立及び電子商取引，第8章：支払い及び資本移動，第9章：政府調達，第10章：知的財産，第11章：競争，第12章：透明性，第13章：貿易と持続可能な発展，第14章：紛争解決，第15章：制度・一般及び最終規定の全15章からなる。このうち主要な章についてみていくことにする。

(1) 商品貿易―第2章

①関税撤廃の全体像

　まず商品貿易の概観をみると，韓国の品目数は11,261品目で，このうち例外品目及び現行関税率の維持が44品目ある。したがって，それらを除く11,217品目，全体の99.6％で最終的に関税が撤廃される。そのうち9,195品目（全体の81.7％）で関税が即時撤廃され，それに5年以内の関税撤廃を加えると，計10,538品目（同93.6％）に及ぶ。関税撤廃までの最長期間は20年で2品目（リンゴ，ナシ）が該当する。これに対しEUの品目数は9,842品目あり，このうち39品目が例外品目で，残り9,803品目（全体の99.6％）で関税が撤廃される。即時撤廃品目数は9,252品目（94.0％）で，5年以内に9,803品目すべての関税が撤廃される。

　このように例外品目等を除く関税撤廃の割合は，韓国・EUともに99.6％と同水準であるが，即時撤廃の割合や関税撤廃までの最長期間を考慮すると，EUの方がドラスティックな市場開放を進めている。

②工業製品の関税撤廃

　関税譲許を工業品と農産品（水産品は除く）に分けてみたのが，**表4-2**及び**表4-3**である。工業品の関税撤廃状況をみると，韓国・EUともに例外品目はなく，関税撤廃期間もEUは5年，韓国でも最長7年ですべての関税が撤廃される。韓国の即時撤廃品目は，8,535品目で全体の90.8％を占める。これを輸入額でみると180億ドルとなり，輸入総額に占める割合は7割である。

第4章　韓EU　FTAと国内養豚の対応

表4-2　工業品の関税譲許

(単位：億ドル，%)

	韓国の譲許				EUの譲許			
	品目数	割合	輸入額	割合	品目数	割合	輸入額	割合
即時撤廃	8,535	90.8	180	69.5	7,201	97.3	318	76.8
3年	478	5.1	58	22.4	151	2.0	68	16.4
5年	346	3.7	18	6.9	46	0.6	28	6.8
7年	45	0.5	3	1.2	—	—	—	—
総計	9,404	100.0	259	100.0	7,398	100.0	414	100.0

資料：外交通商部「韓EU　FTA詳細説明資料」より作成。

ここには，自動車部品（現行関税率8％）やカラーテレビ・冷蔵庫・エアコン（すべて8％），コンピューター部品（8％）などが該当する。3年での撤廃は478品目・5.1％で，中大型（1,500cc超）乗用車（8％），無線通信機器部品（8％），医薬品（6.5％），化粧品（8％）などである。5年後の関税撤廃は346品目で3.7％を占め，小型（1,500cc以下）乗用車（8％）やハイブリッド車（8％），基礎化粧品（8％）などである。残り45品目が7年で関税撤廃をおこない，建設重装備（8％），その他機械類（16％）などがあてはまる。

これに対し，EUの即時撤廃品目は7,201品目で全体の97.3％に相当し，輸入総額では76.8％を占める。即時撤廃には，自動車部品（現行関税率4.5％）や無線通信機器部品（2～5％），冷蔵庫（1.9％），エアコン（12％），リチウム電池（4.7％）などがある。関税撤廃期間3年の品目は151品目・2.0％と少なく，中大型（1,500cc超）乗用車（10％）やタイヤ（2.5～4.5％）などが属する。5年での撤廃品目は46品目・0.6％しかなく，小型（1,500cc以下）乗用車（10％）やハイブリッド車（10％），貨物自動車（22％），カラーテレビ（14％）などである。

③農産物の関税撤廃

農産物の関税譲許をみると（**表4-3**），韓国はEUに比べ複雑な譲許区分である。そのことからも，韓国にとって農産物がセンシティブな問題を抱えて

表4-3 農産品の関税譲許

(単位:千ドル,%)

	韓国の譲許				EUの譲許			
	品目数	割合	輸入額	割合	品目数	割合	輸入額	割合
即時撤廃	610	42.1	266,079	19.5	1,896	91.9	45,333	88.3
2～3年	17	1.2	243,911	17.9	10	0.5	443	0.9
5年	278	19.2	380,487	27.9	119	5.8	5,309	10.3
6～7年	48	3.3	56,402	4.1	―	―	―	―
10年	275	19.0	285,694	20.9	―	―	―	―
10年+TRQ	11	0.8	13,154	1.0	―	―	―	―
10年超過	143	9.9	42,284	3.1	―	―	―	―
10年超過+TRQ	12	0.8	69,931	5.1	―	―	―	―
季節関税	1	0.1	0	0.0	―	―	―	―
季節関税+TRQ	1	0.1	322	0.0	―	―	―	―
現行関税	25	1.7	16	0.0	―	―	―	―
現行関税+TRQ	12	0.8	2,822	0.2	―	―	―	―
例外	16	1.1	2,713	0.2	39	1.9	249	0.5
総計	1,449	100.0	1,363,815	100.0	2,064	100.0	51,334	100.0

資料:外交通商部「韓EU FTA詳細説明資料」より作成。
注:1) EUの「2～3年」は,3年での関税撤廃を意味している。
　　2)「TRQ」は,関税割当を指す。

いることが分かる。主な区分のみをみると,即時撤廃は610品目で全体の42.1%,輸入額では19.5%を占めるに過ぎない。これは,後述するEUのそれと比べかなり低い水準である。即時撤廃には,コーヒー,ブドウ酒,アーモンド,食物性油脂,オリーブなどが含まれる。5年での撤廃品目は,インスタントコーヒー,白菜,ネギなど278品目・19.2%を占めており,輸入額では27.9%と最も大きい区分である。その結果,5年以内に関税を撤廃する品目は,全体の62.5%に達する。

関税撤廃期間10年には275品目・19.0%があてはまり,輸入額では20.9%を占めている。具体的には,豚肉(22.5～25%),混合粉乳(36%)やチェダーチーズ(36%)などの一部牛乳・乳製品が該当する。また,関税撤廃期間が同じ10年であるが,同時にTRQ(関税割当)を設けているのがバター(89%)などの11品目である。10年を超えて関税撤廃する品目は143品目で9.9%を占め,例えば13年で撤廃する鶏肉(20%)や15年の牛肉(40%)・鶏卵(41.6

%)・キウイ（45％）・ジャガイモデンプン（455％），さらに最長期間の20年での撤廃品目がリンゴとナシ（ともに45％）である⁽⁴⁾。またEUの競争力が強いチーズ（36％）は，15年かけて関税を撤廃するとともにTRQを設けている。季節関税はブドウ（5月〜10月15日は45％で17年後撤廃，10月16日〜4月は24％で5年後撤廃）及び季節関税にTRQを設けているオレンジ（9〜2月は50％を維持，3〜8月は30％で7年後撤廃）の2品目である。現行関税率の維持は25品目・1.7％あり，ミカン（144％）・トウガラシ（270％）・ニンニク（360％）・タマネギ（135％）・ジャガイモ（304％）などが含まれ，例外品目は16品目・1.1％の米及び米関連の製品である。また，牛肉・豚肉・リンゴ・砂糖・ニンジン・ジャガイモデンプンなど9品目は輸入が急増した際，セーフガードを発動することができる。例えば，牛肉の適用期間は15年間で初年度の発動基準は9,900トン，同様に豚肉（冷蔵）は10年間・163トンである。

　他方，EUは即時・3年・5年・例外の4区分と簡潔である。即時撤廃は9割に相当する1,896品目で，輸入額においてもほぼ9割を占める。具体的には，麺類・豚肉・鶏肉・アイスクリーム・ビール・緑茶・飲料などである。3年（表中では韓国に合わせて2〜3年と表示）での撤廃品目はセロリやエンドウ・大豆などの10品目・0.5％である。撤廃期間5年は119品目・5.8％で，牛肉・ニンニク・トウガラシ類・オレンジ・ミカンなどである。また例外品目は39品目あり，いずれも米である。

（2）貿易に対する技術障壁─第4章

①自動車

　自動車の非関税障壁については，安全基準，環境基準，最恵国待遇の3つが主な内容である。まず，安全基準の原則は，韓国とEUともにそれぞれの国内基準と類似するUNECE規定（48の締結国による自動車安全及び環境基準に関する規定）と，自動車及び同部品に関する世界技術標準の開発を目的としたGTR規定（自動車技術規定）にもとづき製造した自動車については，

国内基準を遵守したものとして認定することで合意している。韓国の場合，国内基準である自動車安全技術に関する規則のなかの32の基準が上記に該当し，EUはほとんどすべての加盟国がUNCEC規定を採用している。またUNCEC規定・GTR規定に相応する国内基準は，FTA発効後5年以内に両規定の国際基準と調和させるようにしなければならない。その他，両規定と類似した基準がない場合は，国内固有の基準を遵守するとともに，安全技術の向上等による安全基準の変更を考慮し，FTA発効後3年ごとに上記認定基準や調和を再検討することで合意している[5]。

環境基準と国内租税については，EUに最恵国待遇を付与している。つまり，先に交渉が妥結した韓米FTAの合意内容が，韓米FTA発効後にはEUにも適用されることになる。すなわち，第3章で述べたように環境基準では，韓国国内に輸入されたEU車両に対する排出ガス基準は，韓米FTA発効後に韓米FTAの排出基準（2段階区分）を採用するが，韓米FTAの発効までの過渡的措置として，1万台以下の販売製造車両に対しては3段階区分を適用することで合意している。また，特別消費税は従来の3段階制から2段階制となり，同じく自動車税も5段階制から3段階制が適用される。

②医薬品

両国の保健医療制度を尊重し，医薬品・医療機器の開発とアクセスの改善，両国の協力強化などに対する一般的内容については，韓米FTAと同水準で合意している。基本原則は，あくまでも両国の保健医療制度の相違を尊重することにあり，医薬品・医療機器の償還と価格算定に適用される各種手続きや基準が透明，公平，合理的かつ無差別的であることを保障することが謳われている。

（3）サービス・投資——第7章

①全体像

　韓EU FTAは，一部分野を除き，全体的には韓米FTAと類似した水準で

開放することで合意している。ただし，サービス分野の譲許表に記載した分野のみを開放の対象とするポジティブ・リスト方式を採用し，ラチェット条項を含まないとともにISDも含まない（ただし第３章で触れたように，ISDはEU加盟国との個別の２国間投資協定には含んでいる）という点で大きく異なる。韓国は，WTOサービス分類155のうち115分野で開放し，EUは139分野で開放する。したがって，サービス・投資分野では規模の大きいEU市場へ幅広く進出できる韓国の方が有利な条件といえよう。

韓米FTAと類似する水準の分野は，専門職（法律・会計・税務），事業サービス（調査及び警備，不動産など），陸上運送や郵便・クーリエサービス（国際運送業）などが該当する。また環境サービスでは，生活下水処理施設を除くすべての環境サービスが韓米FTAと類似した水準で開放される一方で，生活下水処理施設はFTA発効後５年目には民間委託の競争入札をおこなう際に，EU企業に対して無差別待遇を付与することなどが，新たに韓EU FTAでは追加されている。他方，電気・ガスなど外国人投資促進法上，外国人投資の制限を設けている業種は，現行規定水準を維持するとし，さらに公教育（幼・小中高校）や医療及び社会サービスなど公共性の強い分野は開放しないことで合意している。

②通信

通信サービスでは，機関通信事業に対する外国人投資制限は韓米FTA水準で合意している。すなわち，機関通信事業に対する外国人の直接投資制限は，これまでの49％を維持するが，国内の子会社を通じておこなう間接投資は，公益性審査を通じて国家安全保障などに及ぼす影響がない場合に限り100％まで認められる（FTA発効後２年の猶予）。ただし，中心的な機関網を有するKTとSKT（いずれも韓国の大手通信会社）は，間接投資の緩和対象から除外している。

③金融

　金融サービスの主な具体的事例としては，国家の金融機能，新金融サービス，国境間金融サービスがあげられる。国家の金融機能では，中央銀行の機能や通貨関連の国家機能などの国家固有の機能に対しては，FTA協定文の義務が適用されない（韓EU FTA第7.44条）。

　新金融サービスとは，相手国内では許容・取引されているが，自国内では存在しない金融サービスや金融商品を指し，新規金融商品の導入によって自国内の金融市場に混乱が生じるのを防ぐために，一定の条件下において新金融サービスが認められる（第7.42条）。

　また，相手国内に支店や現地法人の設立がなく，自国からインターネットなど通信手段を通じて金融サービスを提供する国境間金融サービスの場合，現在も認められている貿易関連の保険サービス（輸出入積荷保険など）と金融業務支援に付随するサービス（保険者文など）に制限して開放することで合意している。

（4）知的財産権─第10章

　知的財産権の主な内容については，1つは出版や音楽などの著作権保護期間の延長である。現行の保護期間は50年であるが，これを著作者生存期間及び死後70年へ20年間延長することで合意しており，FTA発効後2年の猶予期間を設けている（第10.6条，10.14条）。

　いま1つは，医薬品の特許期間の延長である。第10.35条において，医薬品の最初の販売許可に必要な期間として短縮された特許期間を補償するために，医薬品の特許期間を最大5年の範囲内で延長するとしており，これは韓米FTAと同様の内容である。

4．韓EU FTAに対する影響分析

　本節では，韓国の既存研究にもとづき，韓EU FTAの発効によって韓国経

第4章　韓EU　FTAと国内養豚の対応

済にどのような影響がどの程度生じるのかについて整理する。

既存研究は，経済・労働・農業・情報通信・文化観光・開発・海洋水産・保険・環境の各分野を専門とする10の国策研究機関（対外経済政策研究院や韓国農村経済研究院など）が共同でおこない整理した報告書『韓EU FTAの経済的効果に関する分析』（2009年）に依拠する。なぜならば本報告書は，広範囲に及ぶ国策研究機関が共同で実施し，韓EU FTAの署名日に合わせて公表するなど，事実上政府による影響試算分析といえるからである。

（1）マクロ経済指標

マクロ経済指標をみると，実質GDPは短期で交易の増大及び資源配分の効率改善が生じ0.10％増加するとしている。長期（10年）では，生産性の増大を考慮しなければ10年間で0.64％の増加にとどまるが，生産性の増大を加味すると最大で5.62％（毎年0.562％）増加すると予測している。

FTAの発効後15年間の貿易予測は，EUへの輸出が年平均25億3,700万ドル増えるとみている。このうち農業が700万ドルの増加，水産業1,000万ドルの増加，製造業25億2,000万ドルの増加が予想され，輸出の恩恵は製造業に集中している。同様に，EUからの輸入は年平均21億7,500万ドル増え，その内訳は農業3,800万ドル増，水産業1,200万ドル増，製造業21億2,500万ドル増と，ここでも製造業が中心である。その結果，貿易収支は3億6,100万ドルの黒字拡大が見込まれるが，農業と水産業はそれぞれ3,100万ドル・200万ドルの赤字となり，製造業のみ関税撤廃の恩恵と生産性の向上により3億9,500万ドルの黒字を計上すると予測している。

また韓EU FTAにより，韓国国内の雇用は短期的には就業者が3万人増加するとみている。その大部分を占めるのがサービス業で2万7,600人の増加が見込まれるのに対し，製造業は4,000人の増加，農水産業では1,700人減少することになる。長期（10年）でみると，生産性の増大効果が発生しないケースでは，農水産業は3,000人の減少，製造業9,000人の増加，サービス業4万2,000人の増加で，計4万8,000人の増加を見込んでいる。他方，生産性

147

増大効果を加味すると，最大で25万3,000人の増加が予想され，サービス業が21万9,000人の増加，製造業3万3,000人の増加，農水産業もわずかであるが900人増加すると試算している。

(2) 製造業

先に工業品の関税譲許を記したように (**表4-2**)，韓国は7年以内，EUは5年以内にすべての品目の関税が撤廃される。この関税撤廃効果により年平均で25億2,000万ドルの輸出の増加が見込まれ，全ての関税が撤廃されて以降は27億2,500万ドル増加するとしている (**表4-4**)。FTAの恩恵を最も受けるのが自動車で14億～16億ドル増加し，全体の6割弱を占めることになる。次が電気・電子，石油，機械，石油化学とつづくが，増加額はそれぞれ1億～4億ドルと自動車に比べかなり小さいといえよう。

他方，輸入は年平均で21億2,500万ドル増え，最大で22億3,900万ドルの増加が予想される。増加額の多い上位5品目は，精密化学を除く電気・電子，機械，自動車，石油は輸出と同じ品目であり，自動車以外の増加幅は1億～4億ドル台と輸出に比べても大きな格差はみられない。

表4-4　韓EU　FTAによる製造業の貿易増加額

(単位：百万ドル)

		年平均	1～5年	6～10年	11～15年
輸出	合計	2,520	2,110	2,725	2,725
	自動車	1,407	1,072	1,574	1,574
	電気・電子	394	345	418	418
	石油	216	216	216	216
	機械	116	107	120	120
	石油化学	108	104	110	110
輸入	合計	2,125	1,900	2,235	2,239
	電気・電子	430	391	449	450
	機械	383	334	407	408
	精密化学	290	249	311	311
	自動車	217	193	230	230
	石油	141	137	142	143

資料：『韓EU　FTAの経済的効果に関する分析』より作成。
注：増加額の多い上位5分野のみ記している。

第4章 韓EU　FTAと国内養豚の対応

表4-5　韓EU　FTAによる製造業の生産増加額
（単位：億ウォン）

	年平均	1〜5年	6〜10年	11〜15年
合計	15,156	9,791	17,772	17,718
自動車	19,432	14,345	21,951	21,951
石油	1,124	1,152	1,124	1,110
鉄鋼	842	303	1,087	1,083
生活用品	453	276	535	535
電気・電子	273	-73	444	430
石油化学	140	240	88	86
船舶	-164	-131	-186	-186
非鉄金属	-395	-383	-395	-396
精密化学	-2,483	-2,087	-2,693	-2,693
機械	-2,456	-2,245	-2,564	-2,578

資料：『韓EU　FTAの経済的効果に関する分析』より作成。

　関税撤廃による輸出の増加により，製造業全体では年平均1兆5,000億ウォンの生産増加効果が見込まれ（表4-5），特に最も輸出が増える自動車は1兆9,000億ウォンと製造業全体を4,000億ウォンも上回る増加額を記録している。これに対し生産額の減少が見込まれるのが，船舶，非鉄金属，精密化学，機械であり，特に精密化学と機械の減少額は2,400億ウォンと大きい。ここで注目すべきは，機械の輸出は4位の増加額であったにもかかわらず，国内生産額が大きく減少しており，輸出の増加が必ずしも国内生産の増加に結び付くとは限らないという点である。

（3）農産物・食料品

　農業では，FTA発効後15年間を対象にみると，輸出ではリンゴ・ナシ・その他調製野菜・非アルコール飲料など15品目を中心に年平均700万ドルの増加が予想される。他方，輸入は豚肉や酪農品など畜産物を中心に，年平均で3,800万ドル，関税撤廃後11〜15年には5,400万ドル増加するとみている。
　このような影響により，年平均で1,776億ウォンの生産額の減少が予想され，最大で2,857億ウォンに達する（表4-6）。最も減少額の大きい品目が豚肉の828億ウォンで，全体の46.6％を占めている。次に酪農・牛肉・鶏肉とつづき，

表4-6 韓EU FTAによる農業生産額の減少

(単位：億ウォン)

	年平均	1～5年	6～10年	11～15年
合計	1,776	604	1,865	2,857
豚肉	828	328	943	1,214
酪農	323	40	277	651
牛肉	280	58	279	501
鶏肉	218	105	231	319
トマト（加工）	43	23	52	54
キウイ	42	18	43	63
ブドウ（加工ジュース）	32	32	32	32
ジャガイモデンプン	10	0	8	23

資料：『韓EU FTAの経済的効果に関する分析』より作成。

畜産物が上位を占めている。これら畜産物4品目の減少額は，年平均1,649億ウォンとなり，全体の93.0％を占める。それが撤廃後11～15年には，2,685億ウォンまで減少額が増え，全体の94.0％となる。

(4) サービス・投資

通信サービスでは，外国人間接投資の開放により，外国人の通信サービスへの進出が増えることで通信料金の引き下げ効果が発生するとともに，国内市場規模の拡大と所得の増加も生じ，発効後15年間の国内生産は年平均584億ウォン，所得で255億ウォン増加すると予想している。その一方で，外国系事業者の市場占有率が拡大することで，配当利益など企業収益の海外移転が増加する可能性も指摘している。

環境サービスでは，先に記したように一部例外を除き韓米FTAと類似した水準で開放している。しかし環境サービスは，産業全体のなかに占める産出額や就業者数などが極めて小さいため，国内生産や雇用に与える影響は小さい。さらに，韓国の下水処理施設の国内技術水準は先進国の80％水準（2004年）に過ぎないが，先述した5年の猶予期間中に関連産業の競争力が強化されることで，2013年には先進国水準に到達すると予測している。そのため，猶予後の市場開放による影響も限定的とみている。

第4章　韓EU　FTAと国内養豚の対応

（5）知的財産権

　出版・音楽などの著作権に対する保護期間を70年へ20年間延長したことで，今後20年間海外への著作権料の支払いが，年平均で出版は21億3,000万ウォン，音楽は5,000万ウォン増加するとし，最大で出版が29億3,000万ウォン，音楽は7,000万ウォン著作権料の支払いが増えると予測している。

（6）保健医療

　ここで対象とする医薬品・医療機器・化粧品は，FTA発効後3～5年以内に現行関税率6.5～8％を撤廃することで合意している。FTA発効後5年間の輸出増加額は年平均1,634万ドルであり，このうち医薬品が1,068万ドルと全体の65.4％を占めている。これを15年間の年平均でみると，輸出増加額は2倍の3,326万ドルに拡大し，このうち医療機器の輸出額が全体の48.8％にまで伸びている。同様に，輸入は5年間の年平均で医薬品・医療機器・化粧品ともに3,000万ドル強ずつ増え，合計1億75万ドル増加している。15年間の年平均では，医薬品の輸入額が9,367万ドル急増し，医療機器も8,031万ドル増加するなど，全体で2億2,803万ドルまで輸入増加額が拡大している。その結果，貿易収支は5年間の年平均で8,441万ドル赤字が増加し，15年間の年平均では医薬品を中心に1億9,476万ドル赤字額が拡大すると予測している。

表4-7　韓EU　FTAによる保健医療の貿易に与える影響

（単位：千ドル）

	輸出増加額(A)		輸入増加額(B)		(A)-(B)	
	年平均 (1～5年)	年平均 (1～15年)	年平均 (1～5年)	年平均 (1～15年)	年平均 (1～5年)	年平均 (1～15年)
医薬品	10,679	16,986	36,603	93,671	-25,924	-76,685
医療機器	5,652	16,245	31,440	80,310	-25,788	-64,065
化粧品	9	33	32,703	54,045	-32,694	-54,012
合計	16,340	33,264	100,746	228,026	-84,406	-194,762

資料：『韓EU　FTAの経済的効果に関する分析』より作成。

韓EU FTA発効による保健医療の国内生産は，5年間の年平均で医薬品274億ウォン，医療機器273億ウォン，化粧品346億の合計893億ウォン減少し，15年間の年平均では医薬品811億ウォン，医療機器678億ウォン，化粧品571億ウォンの総計2,060億ウォン減少すると予測している。

(7) 小括

　以上が，政府による韓EU FTAの経済効果分析である。もちろん，影響分析については，様々な前提条件や基準年などによりその規模や効果は異なる。例えば，イ・ジョンウォン他『韓EU FTA』では，2008～2021年までに生じる経済的影響を分析している[6]。そこでは，実質GDPは2.34％の増加と政府試算の半分以下の大きさと予測している。また貿易に関しては，EUへの輸出よりもEUからの輸入の方が速いスピードで増加するため，2008～17年まで新たに70億ドルの累積赤字が発生すると予測（ただし18年から累積赤字が縮小するが，21年でも30億ドルの累積赤字を計上）しており，政府試算の結果とは正反対である。

　このような根本的な相違がみられる一方で，自動車及び自動車部品の輸出は大きく伸び，2021年には累積で新たに60億ドルの黒字を計上し，その結果国内生産も14％（2008～21年）増えると試算している。また，農林畜産物では，豚肉（3,503万ドル増）を中心に輸入が年1億2,713万ドル増えるのに対し，輸出はラーメンの47万ドルを中心に年間269万ドルしか増えないため，1億2,444万ドルの貿易赤字が新たに発生すると予測している。したがって，韓EU FTAによる自動車及び自動車部品の輸出拡大と国内生産の増加，豚肉を中心とした農林畜産物の輸入増大による貿易赤字の拡大という点では，両者は共通した見解を有している。

5．韓EU FTA発効後の変容

　韓EU FTA発効後の分析は，複数の機関がおこなっている。そこで，発効

第 4 章　韓 EU　FTA と国内養豚の対応

後1年の貿易変化については，韓国貿易協会『韓EU FTA発効1年の成果と課題』（2012年）と国策研究機関である対外経済政策研究院の『韓EU FTA1年の評価と展望』（2012年）からポイントのみを抽出してみていくことにする。また，農水産物・食料品については，農林水産食品部『韓EU FTA発効1年　主な農食品輸出入の動向分析』（2012年）及び発効後2年間を分析した韓国農村経済研究院『韓EU FTA発効2年　農業部門の影響と課題』（2013年）を参考に考察する。加えて第3章同様に，貿易統計の原資料である『貿易統計年報』に依拠して独自の考察をおこない，韓EU FTA発効後の貿易の変容について精査することにする。

(1) 韓国貿易協会

　韓国貿易協会による考察のポイントを整理したのが，**表4-8**である。ここでは，対象期間をFTA発効後9ヶ月間（2011.7～2012.3）とし，韓国からEUへの輸出と，EUから韓国への直接投資のみに言及している。分析の特徴は，「恩恵品目」と「非恩恵品目」に区分していることである。すなわち，前者は関税を即時撤廃した品目，3年もしくは5年の撤廃で発効後一部の関税が引き下げられた品目を指し，後者は発効前にすでに関税ゼロの品目，例外品目，発効後も関税に変化のない品目を指す。

　結論からみると，2010年のEU経済危機の影響を受ける形で，FTAの発効にもかかわらず韓国の対EU輸出は不振であったということである。表中に示すように，9カ月間のEU全体の輸入は，前年同期に比べ5.9％増加している。これは2011年1～6月の前年同期の増加率16.3％や2009～10年の増加率19.3％に比べ大きく落ち込んだ水準であり，EU経済の弱さを示している。一方で，東アジア諸国の対EU輸出をみると，台湾が12.2％の減少と最も大きいが，韓国も3.6％と日本や中国よりも高い減少率を示している。

　恩恵品目に絞ると，EUの輸入額は5.8％の増加と，全品目でみた場合とほとんど変わらない。国別では，韓国が16.5％と最も大きく増加しているのに対し，日本・中国・台湾ではいずれも減少している。関税撤廃の期間でみる

表4-8　韓EU　FTA発効後1年の貿易変化

		韓国貿易協会 (発効後9カ月間)		対外経済政策研究院 (発効後11カ月間)	
輸出	計	全体 5.9%　中国-2.5% 韓国-3.6%　台湾-12.2% 日本-1.9%		輸出	韓国-5.7%　中国-3.2% 日本-2.5%　台湾-12.3% アメリカ 7.3%
	恩恵品目	全体 5.8%　中国-0.3% 韓国 16.5%　台湾-3.5% 日本-1.1%			自動車及び関連部品，精製石油，機械類などで増加
		石油製品，自動車及び自動車部品などで増加			船舶，無線通信，家庭・事務用電子機器などで減少
	非恩恵品目	全体 5.9%　中国 -5.2% 韓国-22.1%　台湾-19.4% 日本-3.1%		相対	自動車及び自動車部品，タイヤなどで増加
		携帯電話，造船，半導体などで減少		輸入	全体 12.3%　日本 9.0% EU 14.8%　中国 5.1% アメリカ 0.4%
					航空機，原油・精製石油，精密機器部品，豚肉などで増加
					医薬品，機械類部品，無線電話機，半導体生産装備などで減少
				相対	精製石油，エンジン付属品，電動伝達部品などで増加

資料：韓国貿易協会『韓EU　FTA発効1年の成果と課題』，対外経済政策研究院『韓EU　FTA1年の評価と展望』より作成。
注：1）期間の「9カ月間」は2011年7月から2012年3月まで，「11カ月間」は2012年5月までを指す。
　　2）対外経済政策研究院の国別輸出は，EU統計庁の数値によるものである。そのため本数値のみ発効後9カ月間のデータである。
　　3）「相対」は，「相対輸出(入)増減率」を指す。相対輸出増減率とは，同一品目において「韓国からEUへの輸出増減率」から「EUの総輸入増減率」を差し引いたものである。相対輸入増減率は，その逆である。

と（表略），即時撤廃品目は8.4％増加し，3年撤廃（そのうち現行関税率を25％引き下げ）で29.4％増，5年撤廃（同16％引き下げ）で123.3％増えるなど，関税率の引き下げが大きいほど輸出の増加も大きいと指摘している。品目別では，即時撤廃は石油製品や自動車部品，石油化学，電気・電子，一般機械などであり，5年撤廃では自動車で輸出が大きく増えている。

他方，非恩恵品目におけるEUの輸入総額は5.9％増であるのに対し，韓国からの輸入は22.1％と大きく減少している。台湾も同様に19.4％の大幅減であるが，日本と中国の減少幅は韓国ほど大きくはない。これは，FTA発効以前から無関税，かつ輸出の比重が大きい造船や半導体，携帯電話，IT製

第4章 韓EU FTAと国内養豚の対応

品などが大幅に減少したためとみている。

　また本報告書では，対内直接投資も考察しており，EUからの直接投資はこの9カ月間で，前年同期に比べ60.5％増の35.7億ドルを記録している。合わせて，日本からの投資も23.3億ドルと26.7％増加しており，日本企業が韓EU　FTAの活用に期待していることがうかがわれる。

（2）対外経済政策研究院

　表4-8には，対外経済政策研究院（以下「KIEP」）の概要も記している。先の韓国貿易協会とは異なり，2011年7月から12年5月までの11カ月間を対象とするとともに，EUからの輸入も分析対象としている。ただし，EUへの輸出は統計上の制約から9カ月間の実績をもとにしている。その点で，韓国貿易協会の分析と同じ期間になるが，本研究は韓国のデータではなく，EU統計庁の資料に依拠しているため数値がやや異なる。すなわち，韓国の対EU輸出は5.7％の減少と，韓国貿易協会のそれよりも2ポイント減少幅が大きくなっている。日本・中国・台湾も，先の報告書に比べやや減少率が高いが，いずれにせよ韓国の減少率はそれら3カ国を上回る点は同じである。それに対し，アメリカは7.3％と輸出を伸ばしている。以上を踏まえKIEPは，対EU輸出の減少は「韓国だけではなく，中国・日本・台湾などの東アジア諸国はすべて輸出減少を記録[7]」という共通の現象として整理している。なお，輸出が大きく増加した品目は，自動車及び自動車部品，精製石油，合成樹脂及び関連製品，機械類などであり，逆に大幅に減少したのが造船，無線通信，家庭・事務用電子機器などである。これらは，先の韓国貿易協会の結果と一致している。

　また本研究では，「相対輸出増減率」という概念を用いた分析が特徴の1つである。「相対輸出増減率」とは，同一品目における「韓国からEUへの輸出増減率」－「EUの総輸入増減率」によってあらわされる。すなわち，EUの総輸入増減率に対し，韓国の対EU輸出がどの程度影響を及ぼしているかを示したものである。対EU輸出額の上位30品目に限定してみると，相対輸

155

出増減率の高い品目は，エンジン付属品62.3ポイント，タイヤ39.6ポイント，自動車39.2ポイントなどである。

対EU輸入をみると，韓国の輸入総額が12.3％増加するなか，EUからの輸入は全体を上回る14.8％の増加を記録している。日本は9％台と比較的高い増加率を記録するが，それに対し中国（5.1％）やアメリカ（0.4％）はかなり低い状況にある。品目ごとでは，航空機や原油及び精製石油，鞄類，重装備または精密機器部品などの輸入が増加し，農産物では豚肉の輸入も大きく増加している。同様に相対輸入増減率では，航空機664.0ポイント，精製石油61.4ポイント，豚肉24.5ポイントなどが高い品目である。

以上を踏まえKIEPは，EUの経済停滞と輸出品目の偏重により，輸出の増加は当初の期待ほどではなかったが，それは韓国に限らず東アジア諸国に共通するものであり，短期的な結果に過ぎないこと，その一方で関税率の引き下げ幅の大きい品目では，輸出が大幅に伸びるという効果もみられたと結論づけている。

（3）農林水産食品部

農林水産食品部は農水産物・食料品に限定し，FTA発効後の11カ月間の貿易変容を分析している。要点のみを整理すると，EUからの農水産物・食料品の輸入は，FTA発効前21億2,100万ドルが26億3,000万ドルへ24.0％増加し，同じくEUへの輸出は3億3,300万ドルから3億5,300万ドルへ6.0％増加している。その結果，農水産物・食料品における貿易収支が，新たに4億8,900万ドル赤字が増えている。

対EU輸入を詳しくみると，EUにおいて競争力の高い豚肉や酪農品を中心に増加している。豚肉では，冷凍サムギョプサルが2億4,100万ドルから4億3,500万ドルへ80.4％増加し，その他部位（冷凍）も1億1,500万ドルから1億6,600万ドルへ43.9％増えている。これは，後述する口蹄疫の発生と緊急輸入の影響が大きく作用している。

酪農品は，全体的に増加傾向にあり，特に無関税割当の影響で脱脂粉乳・

第4章　韓EU　FTAと国内養豚の対応

全脂粉乳は大幅に増加している。脱脂粉乳は363.3％（1,500万ドル→7,100万ドル）増え，全脂粉乳は351.6％（120万ドル→530万ドル）増加し，チーズも4,700万ドルから6,200万ドルへ34.2％の増加を記録している。鶏肉では，冷凍脚がFTA発効後48.5万ドルと9.7％増加し，その他部位（冷凍）は150.4万ドルから213.5万ドルへ41.9％増加している。牛肉は，EUが「指定検疫物の輸入禁止地域」（農林水産食品部告示）に指定されているため輸入実績がない。その他では，関税の恩恵の大きい品目で輸入が増加しており，ブドウジュース（87.9％）や種子用エンドウ（657％），飼料用調製品（80.4％），ジャガイモデンプン（30.4％）などがあげられる。

他方，対EU輸出では関税撤廃品目であるラーメンや飲料，コーヒー製造品などで輸出を増やしている。ラーメンは，関税撤廃による価格競争力の向上と現地消費者の食味に合う輸出専用製品の開発をおこなうことで，イギリスやスウェーデンを中心に27.4％増加の1,210万ドルを輸出している。飲料も関税撤廃による価格競争力を土台に新市場を開拓し，主にイギリスやオランダを対象に，輸出額を450万ドルから840万ドル（増加率86.7％）へ増やしている。コーヒー製造品も飲料同様に，関税撤廃による価格競争力を土台に新市場を開拓しており，主としてハンガリーを相手に77.8％増の480万ドルを輸出している。

以上のことから，関税の恩恵の大きい品目は輸出が増加するとともに，関税の削減や撤廃を通じて，EUの競争力の高い畜産物や酪農品の輸入が大きく増えている。しかし，輸入額は増加しているが，輸入量をみると減少しており，輸入単価の上昇と為替変動が大きな影響と分析しており，韓EU FTAが韓国農漁業に与える影響は限定的であると評価している。

（4）韓国農村経済研究院

韓国農村経済研究院（以下「KREI」）は，韓EU FTA発効後2年間の農畜産物における貿易の変化を明らかにしている。

EUからの輸入は，FTA発効後1年目には20.5％増加して30.6億ドルを記

録したが，2年目は25.7億ドルへ9.1％減少している。これは2年目に豚肉や乳製品などの輸入が大きく減少したことが関係している。すなわち，2010年末に韓国国内で口蹄疫が発生し，殺処分により豚の飼養頭数が2010年12月の988万頭から2011年3月の704万頭へ3割急減している。そこで，生産不足を解消するため緊急割当関税（無税）を発動し，その結果発効後1年目に輸入が急増している。しかし，2年目には口蹄疫が終息し，国内の豚飼養頭数が992万頭（12年12月）と10年末を上回る水準にまで回復したことに加え，景気停滞による消費不振も重なったことで，2年目の豚肉輸入は44.6％減少している。その結果2年目には，輸入単価は3.5％低下し，国内の豚肉価格も31.7％下落するなど2012年の下半期以降，国内の豚肉価格は下落傾向にある。

　同様に，乳製品も口蹄疫の発生と乳牛の飼養頭数の減少のため発効後1年目には輸入が急増したが，2年目は減少している。その一方で，総体的には韓EU FTAの発効により，大部分の乳製品は無関税割当の拡大と関税削減を同時に進めており，例えばチーズは無関税割当量4,560トンを毎年3％ずつ拡大しつつ，現行関税率36％を10～15年で撤廃することになっている。その点において，EU産乳製品の有利性が作用しており，オーストラリアやニュージーランドなどの競争相手国からEUへ輸入先を転換する動きもみられる。実際，EU産乳製品の韓国市場でのシェアは，チーズは14％から20％へ上昇し，その他脱脂粉乳は28％から53％へ，全脂粉乳も12％から23％へシェアを拡大している。だが，他国との競争激化により，EUからの輸入単価が2年目には下落しており，輸入量が最も多いモッツァレラチーズでみると，1kg当たり4.64ドルから4.46ドルへ3.9％低下している。その他にも，FTA発効以前からすでに国内市場においてEUの比重が高かったブドウ酒やジャガイモデンプン，麦酒，チョコレートなどは，その比重を2～4ポイント高めている。また特徴的なのは，発効後2年目にトウモロコシの輸入が53.3％増加の1.7億ドルを記録している。その原因は，北米地域における異常気象のため輸入先をアメリカからEUや南米に転換したためである。

　他方，EUへの輸出は，発効後1年目は10.9％増加の2.9億ドルであったが，

2年目には3.9％減少して2.8億ドルとなっている。この背景には，EUの財政危機による消費の低迷が関係していると推測している。発効後2年間で輸出が大きく増加したのは，加工食品（24.2％）である。品目別にみると，ラーメン（輸出額1,400万ドル，15.8％増），エリンギ（同540万ドル，1.6％増），キムチ（同262万ドル，17.9％増），ミカン（同224万ドル，384.5％増）など関税撤廃品目を中心に増加している。

（5）貿易統計年報

①全品目

　FTA発効前の2010年の対EU輸出額は535.1億ドル，輸入額は392.9億ドルで貿易収支は142.1億ドルの黒字を計上している。FTAを発効した11年と比較すると，輸出は4.1％の増加，輸入は21.2％と大きく増加したため，貿易黒字は81.1億ドルへ42.9％減少している。同期間における韓国全体の輸入総額は，23.3％の増加と対EUと拮抗しているが，輸出は19.0％の増加と対EUを大きく上回っている。発効後2年目（12年）には，前年に比べ韓国全体の輸出入はともに1.3％・0.9％とわずかに減少している。だが，EUに対しては輸出が11.4％と大きく減少したが，輸入は5.8％増加している。先の10～11年の変化も含め増加率のみで判断すると，韓国にとってEUとのFTAは，輸出ではなく輸入に大きく貢献しているといえよう。その結果，2012年の貿易収支は10.0億ドルの赤字と，2000年以降でははじめて赤字に転落している。

　2012年の対EU輸出の上位5品目をみると（**表4-9**），前回3位であった電話機・携帯電話が脱落し，それに代わり5位に石油及び歴青油が入っている。だが，それ以外は順位の変動こそあるが，品目には変化はみられない。1位は，前回同様に船舶の78.3億ドルであるが，10年に比べ輸出額が33.1％と大きく減少している。その結果，船舶の貿易黒字も10年に計上した116.5億ドルが，12年には77.3億ドルへ40億ドルも減少しており，EU全体に対する貿易赤字転落の主要因となっている。同じく，3位の液晶デバイスも26.4％減少して順位を1つ下げ，貿易黒字も14億ドル減少している。これに対し，2

表4-9 韓国における対EU輸出入金額の上位5品目の動き（2012年）

		輸出				順位	
順位		品目番号	品目	金額	変化率		
1位	(1)	8901	船舶	7,831	-33.1	1位	(2)
2位	(4)	8703	乗用車	5,128	54.8	2位	(6)
3位	(2)	9013	液晶デバイス	3,603	-26.4	3位	(1)
4位	(5)	8708	自動車部品	3,234	9.8	4位	(3)
5位	(7)	2710	石油及び歴青油	3,052	49.0	5位	(4)

資料：『貿易統計年報』（各年版）より作成。
注：1）（　）の数値は，2010年の順位を示している。
　　2）「変化率」，2010～12年の変化を示している。

位の乗用車と5位の石油及び歴青油は50％前後の増加率を記録しており，両者の貿易収支は各18.7億ドル・10.8億ドルの黒字を計上している。また，4位の自動車部品は9.8％と乗用車・石油等よりも増加率は低いが，貿易黒字は23.3億ドルとそれらを上回る。以上の5品目が，EUへの輸出総額のうち46.3％（10年49.7％）を占め，依然輸出額の半分近くが5品目に集中していることが分かる。

　他方，2012年の輸入をみると，2位の石油及び歴青油が10年に比べ285.1％と急増したことで新たに上位5品目に入り，前回5位の自動車部品が6位へ後退している。それ以外は，前回2位の乗用車が65.8％増加の32.5億ドルで1位となり，3位に35.7％減少した前回1位の半導体がつづき，4位・5位はともに15％前後増加した医薬品，集積回路である。輸入の上位5品目の貿易収支をみると，乗用車と石油及び歴青油は輸出で触れたとおりである。半導体は2010年の24.5億ドルの赤字が12年には15.0億ドルの赤字へ38.8％減少しているが，逆に医薬品は10年の12.9億ドルの赤字が12年には15.0億ドルの赤字へ16.3％増加している。また集積回路は，10年で900万ドルの黒字であったが，12年には4.3億ドルの赤字へ転じている。これは輸入の増加に対し，EUへの輸出が28.2％減少したためである。EUからの輸入総額に占める上位5品目の割合は19.0％と，前回の20.0％とほとんど変化はない。依然対EU輸

第4章 韓EU FTAと国内養豚の対応

(単位:百万ドル,%)

	輸入		
品目番号	品目	金額	変化率
8703	乗用車	3,254	65.8
2710	石油及び歴青油	1,969	285.1
8486	半導体	1,636	-35.7
3004	医薬品	1,521	16.2
8542	集積回路	1,170	14.3

出に比べ,輸入は薄く広い品目に及んでいることが分かる。

②農水産物・食料品の輸入実態

　韓国におけるEUからの農水産物・食料品の輸入実績をみると,FTA発効前年の2010年は17.0億ドルであったが,FTAを発効した11年には41.8％増加の24.1億ドルとなっている。発効2年目の12年は23.3億ドルへ3.1％減少しているが,10年と比較すると37.4％増加している。こうした2010～12年の動きについて,農水産物・食料品の輸入品目154品目をプロットしたのが図4-1である。ただし,10・11年において輸入実績がゼロの24品目及び変化率が200％以上と突出して大きい19品目の計43品目(全体の27.9％)は,図中から除外している。また,図の横軸は1年目(2010～11年)の変化率を,縦軸は2年目(11～12年)の変化率を示している。

　両期間とも増加した第1象限には44品目,全体の28.6％が該当し,その多くが50％以内の増加率に集中していることが分かる。次に1年目は増加し2年目に減少した第4象限には,38品目・24.7％が属しており,2年目の減少率はほぼ50％以内であることが分かる。また1年目に増加した品目は,第1象限と合わせ全体の53.3％に達する。他方,第4象限とは逆の第2象限は17品目・11.0％であり,両期間とも減少した第3象限は12品目・7.8％と最も少

図4-1 対EU輸入における農水産物・食料品の動き（2010～12年）

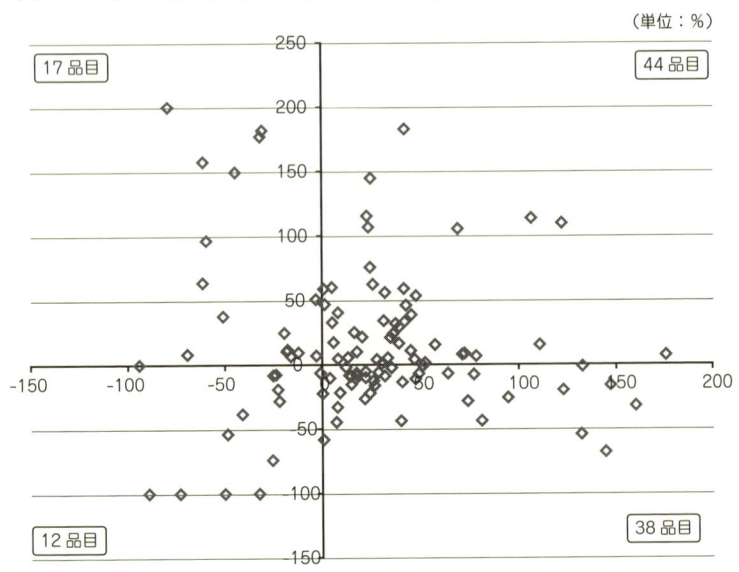

（単位：％）

```
         17品目                              44品目

                    250
                    200
                    150
                    100
                     50
  -150  -100  -50     0    50   100   150   200
                    -50
                   -100
         12品目                              38品目
                   -150
```

資料：『貿易統計年報』（各年版）より作成．
　注：横軸は1年目（2010～11年）の変化率を，縦軸は2年目（2011～12年）の変化率を
　　　示している．

ない。なお，図の対象外とした200％以上の品目は，10年実績がごくわずかであり，それが11年に急激に増加したものが大部分である。

したがって，韓EU FTAの発効により1年目・2年目ともに減少した品目はごくわずかしかないのに対し，両年ともに増加した品目が最も多いことが分かる。その割合は，全体の4分の1強ではあるが，1年目だけに限れば半分強の品目が増加している。その一方で1年目増加・2年目減少という品目も4分の1を占めている。しかし，FTA発効前の10年と2年目の12年とを比較すると，そのうちの7割強の品目で増加している。つまり，2年間ではあるが全体を通してみると，EUからの輸入が増えているのが実態である。このようにみると，韓EU FTAは農水産物・食料品の輸入に大きな役割を果たしていると推察できよう。

より具体的に，農水産物・食料品の輸入実績の変容をみるために上位10品

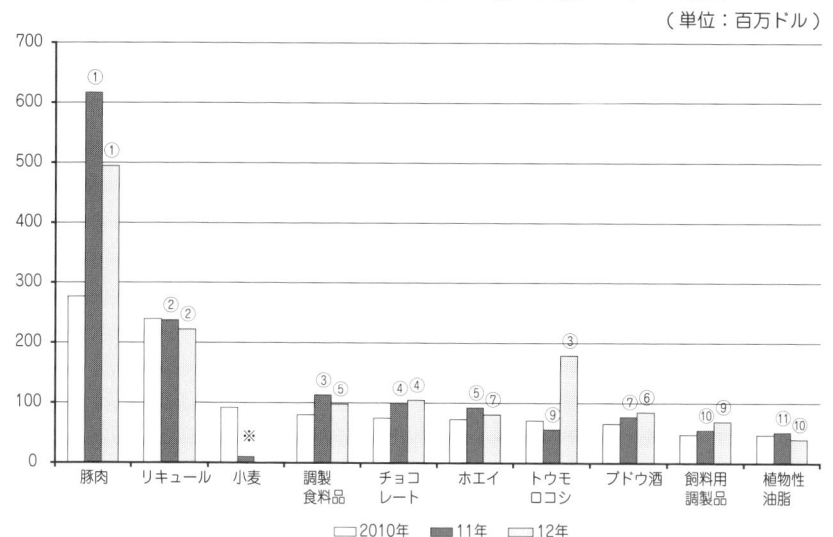

第4章 韓EU FTAと国内養豚の対応

図4-2 EUからの農水産物・食料品輸入金額の上位10品目

(単位：百万ドル)

資料：『貿易統計年報』（各年版）より作成。
注：1）2011・12年の図中の○番号は，各年の輸入額の順位を記している。
　　2）小麦の2011年に付した「※」は39位をあらわしており，12年は輸入実績がない。

目に焦点をあてたのが，図4-2である。これは，FTA発効前である2010年の輸入額の上位10品目を順番に並べたものであり，それをベースに2011・12年の輸入額と各年の順位も合わせて示している。2010年の1位は豚肉の2.8億ドル，2位はリキュールの2.4億ドルである。3位以下は1億ドルを割り，3位の小麦9,200万ドルや7位のトウモロコシ7,100万ドル，10位の植物性油脂4,700万ドルなど，これら10品目で全体の62.7％を占めている。

FTA発効1年目の上位10品目をみると，1位の豚肉と2位のリキュールは順位に変動がない。その他では順位の変動はあるが，品目の入れ替えはほとんどみられない。唯一2010年の3位小麦と10位植物性油脂がトップ10から外れ，代わりにミルク・クリームが6位（10年39位），チーズが8位（同11位）にランクインしている。輸入総額全体に占める上位10品目の割合は，62.2％と10年とほぼ同じである。

163

1年目（2010～11年）の変化率では，1位の豚肉は11年の6.2億ドルへ122.8％増加しており，これは2010年の輸入額1,000万ドル以上の品目のなかでは最大の増加率を記録している。同じく調製食料品も40.8％と大きく増加し，輸入額も1.1億ドルと豚肉・リキュールにつづき1億ドルを突破して順位を3位にあげている。その他上位10品目のなかでは，チョコレート33.4％（11年9,900万ドル），ホエイ26.3％（同9,200万ドル）が大きく増加している。他方，3位から圏外になった小麦は1,000万ドルへ89.1％減少している。これは10年の1,000万ドル以上品目では最大の減少率である。同様に，トウモロコシも21.0％（11年5,600万ドル）と大きく減少し9位となっている。また，植物性油脂は9.1％増加したが，11位へ後退している。代わりに上位10品目に入ったミルク・クリームが12.8倍（11年8,600万ドル）の大幅増を記録し，チーズも71.4％（6,600万ドル）の増加と，口蹄疫の影響で乳製品の輸入が大きく増加している。

　2012年の上位10品目も1位豚肉，2位リキュールの順位に変化はなく，3位にトウモロコシ，4位にチョコレートが入っており，10品目で全体の61.8％を占めている。輸入額が1億ドルを超える品目数は，チョコレートまでの4品目に増えている。それにもかかわらず，上位10品目のシェアに大きな変容がみられないことから，上位10品目のなかにおいて輸入額の両極化が進んでいることが分かる。

　2年目（2011～12年）の変化率では，トウモロコシが221.5％と大幅に増加し1.8億ドルとなり3位に上昇している。これは，11年の輸入額1,000万ドル以上の品目のなかでは最も大きい増加率であり，北米の異常気象により輸入相手国がアメリカからEUに転換したためである。また9位の飼料用調製品が6,900万ドルと25.0％増加し，チョコレート（1.0億ドル）とブドウ酒（8,500万ドル）が1桁代の増加率を記録している。他方，減少した品目では，豚肉が4.9億ドルで19.8％減少しているが，これは前年の緊急輸入の反動が大きく影響している。その他，調製食料品（12年9,800万ドル）とホエイ（8,000万ドル）が10％台前半の減少率を記録しており，その結果ともに順位を2つ下

げている。

　このように1年目・2年目ごとに上位10品目の動きをトレースすると，口蹄疫のような韓国サイドの問題や北米の異常気象といった相手国側の事情などにより大きく変動していることが分かる。とはいえ，図4-2をみると分かるように，発効前の2010年と12年とを比べると，リキュール・小麦・植物性油脂以外はいずれも増加しており，減少した3品目も小麦以外はその減少幅は必ずしも大きいものではないことが分かる。

6．韓EU FTA効果の検証─豚肉を中心に

(1) 全体象及び製造業

　韓EU FTAは，韓国にとってはアメリカとのFTA交渉を通じて蓄積した経済大国との交渉手法や経験などを活用し，日本や中国，ASEANなどのアジア諸国に先駆けてEUにおける先行利益を獲得しようとしたこと，EUにとっては韓米FTAの交渉妥結を「鏡」として，韓国は経済大国と包括的かつ高水準のFTAの締結が実現可能な相手と認識するなど，韓米FTAが韓EU FTAの底流にあるといっても過言ではない。実際韓EU FTAでは，韓米FTAの合意水準が多くの分野で適用されていた。

　その韓EU FTAも発効後1年間もしくは2年間の貿易変容をみると，必ずしも期待された成果が生じているわけではなかった。韓国貿易協会やKIEPのFTA発効1年間の評価は，関税撤廃などの恩恵品目に関しては，韓国のみ輸出が突出して増加していた。だが，総体的には，EU経済の停滞と対EU輸出が特定品目に偏重していることを背景に，韓国の対EU輸出は減少し期待ほどの効果はみられなかったという点で同じであった。ただし，それは一面の評価に過ぎず，韓国に限らず日本・中国・台湾においてもEU経済の停滞を受け，程度の差こそあるが対EU輸出が減少するなど東アジア諸国に共通の結果として整理していた。しかし，FTAの締結状況に注視すると，韓国，日本，中国，台湾のなかでEUとFTAを締結しているのは韓国のみである。

その唯一FTAを結んでいる韓国が，日本や中国，台湾と同じように輸出が減退し，しかも台湾以外は韓国の方がより大きく減少している事実を踏まえると，先行利益の獲得を目論んだFTA効果が発揮されているとはいえないであろう。恩恵品目についても，輸出額2位の乗用車は発効後3〜5年で関税撤廃するため，さらなる輸出増加の可能性はあるが，全体的にはEUの工業製品の関税は品目ベースで97.3％，金額ベースで76.8％が即時撤廃されていること，しかも対EU輸出は特定の品目に偏重し，そのほとんどは即時撤廃に含まれていることを踏まえると，今後恩恵品目の輸出が大きく増加する可能性はかなり限定的といえよう。

先に第4節で触れた政府による影響試算分析と，『貿易統計年報』にもとづく発効後の貿易実績とを整理したのが表4-10である。政府試算では，年平均で対EU輸出が25.4億ドル，対EU輸入が21.8億ドル増加し，貿易収支も3.6億ドル黒字が拡大すると試算していた。ところが『貿易統計年報』にもとづき，FTA発効前の2010年を基準とした12年までの2年間の実績変化（年平均）をみると，増加すると見込まれた輸出は20.7億ドルと大きく減少し，輸入は55.4億ドルと試算の2.5倍の規模に拡大している。その結果，貿易収支は3.6億ドル増加すると予測していたが，実際には76.1億ドルと大幅に減少している。韓国政府は，貿易黒字の拡大が韓EU FTAを結ぶ1つの理由としていたが，逆にEUにとって大きな経済効果を獲得する機会となっている。

農林水産物・食料品以外の「製造業」をみると，政府試算では25.2億ドルの輸出増と21.3億ドルの輸入増により貿易黒字が4.0億ドル増加すると予測していた。ところが実績では，輸出20.8億ドルの減少，輸入は試算より2.5倍大きい52.2億ドルの増加，それにより貿易収支は73.0億ドル減少している。その要因の1つが，韓国の主な輸出品目である乗用車の輸出が9.1億ドルと試算の6割水準にとどまり，逆にその輸入が6.5億ドルへ試算の3倍も増加したことで，貿易収支も試算の2割水準に落ち込んだためである。同じく主な輸入品目である医薬品は，9,400万ドルの輸入増加と試算しているが，実際には1億ドルを超える輸入増加が生じ，貿易収支も1億ドル減少している。

第4章　韓EU　FTAと国内養豚の対応

表4-10　政府試算と貿易実績の比較（年平均）

(単位：百万ドル)

		政府試算			『貿易統計年報』		
		輸出	輸入	貿易収支	輸出	輸入	貿易収支
金額	全体	2,537	2,175	361	-2,068	5,540	-7,608
	農業	7	38	-31	19	307	-288
	水産業	10	12	-2	-12	10	-21
	製造業	2,520	2,125	395	-2,075	5,223	-7,298
	乗用車	1,407	217	1,190	908	645	263
	医薬品	17	94	-77	3	106	-103
実績／試算	全体				※	2.5	※
	農業				2.7	8.1	9.3
	水産業				※	0.8	10.5
	製造業				※	2.5	※
	乗用車				0.6	3.0	0.2
	医薬品				0.2	1.1	1.3

資料：『韓EU　FTAの経済効果に関する分析』及び『貿易統計年報』（各年版）より作成。
注：1）資料の制約上，『貿易統計年報』の「農業」には「食料品」を含んでいる。同様に「製造業」は，農林水産物・食料品以外を指す。
　　2）表中の「※」は，政府試算では増加であったが実際は減少した分野を示している。
　　3）『貿易統計年報』の数値は，発効後2年間の貿易変化を年平均で記したものである。

第3節において韓EU FTAでは，医薬品の特許期間が最大5年の範囲内で延長することで合意したことに触れたが，そのこともEUの医薬品輸出の拡大に大きく寄与していよう。

（2）FTAによる国内養豚への影響

①豚肉輸入の変容

　農水産物・食料品に目を向けると，政府試算では農業の輸入が3,800万ドル，水産業では輸出1,000万ドル，輸入1,200万ドル増加するというものであった。表中の『貿易統計年報』の農業には，食料品を含むため注意が必要であるが，輸入が3.1億ドルと試算の8.1倍増えたのに対し，水産業は輸出が1,200万ドル減少し，輸入も1,000万ドルの増加と試算の8割水準にとどまっている。したがって，食料品を含む農業の輸入が，この間大きく増加していることが分かる。その主な品目が，これまで記してきた豚肉である。韓EU FTA発効後

2年間の豚肉の平均輸入増加額は1.1億ドルであり（表略），これは食料品を含む農業の輸入増加額3.1億ドルの35.5％，貿易収支減少額2.9億ドルの37.8％（豚肉の対EU輸出はほぼゼロなので，輸入増加額がそのまま貿易収支減少額となる）を占めている。そこで，韓EU FTAにより農水産物・食料品のなかで輸入の増加が著しい豚肉を対象に，先の章でみたチリとアメリカからの豚肉輸入も踏まえ，輸入の変化を確認する。

　韓EU FTA発効前の2010年における韓国の豚肉輸入量は28.9万トン・輸入額は6.6億ドルであった。このうちEUが全体の各37.1％・41.7％，同じくFTA発効前のアメリカが26.1％・24.5％，FTA発効7年目のチリは15.0％・16.8％を占め，これらで全体の8割前後を占めている。

　EUとのFTAを発効した11年は，韓国国内における口蹄疫発生の影響で輸入量は約7割増の48.7万トン，輸入額は14.4億ドルと2.2倍に急増している。各国のシェアはEU42.1％・42.9％，アメリカ30.8％・32.1％，チリ8.3％・8.1％と前年に比べEUは変化がないが，アメリカはシェアを4～8ポイント高めたのに対し，チリは半減させている。緊急輸入への対応という点からみえることは，EUの場合シェアに変化はなかったことから，EUの輸出力は輸入総額全体と比例的な水準にあるのに対し，アメリカの場合シェアを高めたことから豚肉の潜在的輸出力をかなり有していることが分かる。

　そのアメリカとのFTAを発効した2012年は，11年の反動で輸入量が38.1万トンへ21.8％減少，輸入額も11.3億ドルへ21.4％減少している。各国のシェアは，EU40.9％・43.7％，アメリカ31.5％・31.0％，チリ9.7％・11.0％と大きな変化はみられない。

　このようにEU・アメリカ・チリからの豚肉輸入が変化するなかで，国内の豚肉生産にどのような影響を及ぼしているのか，大韓韓豚協会のヒアリング調査にもとづきみていくことにする。なお，大韓韓豚協会はもともとは大韓養豚協会という名称であったが，韓国の牛を「韓牛」と呼び海外牛肉との差別化を図っていることに倣い，2013年から豚も「韓豚」と呼称している。

第4章 韓EU FTAと国内養豚の対応

②国内養豚の対応

　韓豚協会によると，チリ・アメリカ・EUの3カ国で輸入量の8割強を占めるが，輸入国間での豚肉の品質差はあまりないとのことである。FTAへの対応としては，規模の拡大と生産性の向上をいかに図っていくかが重要とみている。

　規模の拡大は，特にFTA戦略を打ち出した2000年代前半以降，急激に進んでいる。表4-11は，00年以降の養豚農家数及び飼養頭数を示したものである。00年の養豚農家数は2.3万戸，飼養頭数は821万頭で1戸当たり飼養頭数は345頭である。それが，最初のFTA発効前年の03年には養豚農家数が8,000戸減少し，1戸当たり飼養頭数が606頭まで拡大している。07年には養豚農家数が1万戸を割るが，飼養頭数は961万頭に増え，その結果1戸当たり飼養頭数がはじめて1,000頭を超えている。つまり，韓国の養豚農家はFTA発効以前から規模の拡大を進めており，それがFTAの発効によってさらに加速している。07年以降も農家数の減少と飼養頭数の増加がつづき，13年は農家数6,100戸，飼養頭数1,018万頭，1戸当たり頭数は1,678頭まで拡大している。

　このような規模拡大は，主に親世代が規模を拡大し，子世代がそれを継承するパターンで進んでいる。そこには，規模拡大しなければ養豚農家の利潤があがらないこと，FTA対応として競争力を高めなければ生き残れないこと，また日本同様に環境規制も厳しく糞尿処理施設の整備が義務づけられており，設備投資をするためには経営規模を拡大しなければならないこと，

表4-11　韓国における養豚農家の現況

	飼養農家数 (戸)	飼養頭数 (千頭)	1戸当たり頭数
2000年	23,841	8,214	345
01	19,531	8,720	446
02	17,437	8,974	515
03	15,242	9,231	606
04	13,268	8,908	671
05	12,290	8,962	729
06	11,309	9,382	830
07	9,383	9,606	1,024
08	7,681	9,087	1,183
09	7,962	9,585	1,204
10	7,347	9,881	1,345
11	6,347	8,171	1,287
12	6,040	9,916	1,642
13	6,067	10,181	1,678

資料：『農林水産食品統計年報』（各年版）より作成。

などが関係している。換言すると、生産性の低い零細農家は対応できないため廃業に追い込まれ、対応可能な大規模農家・専業農家に収斂していくというのが養豚農家を取り巻く実態である。

　韓豚協会では、現在の1戸当たり飼養頭数約1,700頭を超える農家が規模拡大を進める経済的余力を有しており、こうした農家が今後さらに規模を拡大していくとみている。具体的には、6,000戸の養豚農家を飼養頭数規模別にみると、飼養頭数1,000頭以上が3,000戸、1,000頭未満が3,000戸となるが、このうち1,000頭未満の3分の2（＝2,000戸）の農家が離農し、その結果10～15年後には4,000戸の養豚農家が1,000万頭を飼養する形になるとみている。

　合わせて、年間母豚1頭当たり出荷頭数（MSY）の向上にも取り組んでいる。MSYとは、1頭の母豚が1回に10頭の子豚を出産し、年間2.3回出産する（回転率2.3回）ため1年で合計23頭の子豚が生まれ、そのうち飼養途中で死んだ数頭を除く最終的に出荷した頭数をあらわす指標である。したがってMSYを高めることは、出荷量を増やすため競争力の強化につながる。韓国のMSYはこれまで15.5頭であったが、近年17.5頭へ上昇している。だが、EU（主にオランダ・ベルギー）のMSYは26頭と競争力が高く、日本は20頭、アメリカ19頭と、いずれの国よりも韓国の競争力は低い。なお、アメリカとの差は1.5頭に縮まっているが、アメリカの養豚は国内で大量に生産する安価な飼料穀物を用いるため、韓米間には頭数以上の競争力の格差が生じている。韓豚協会では、FTAに十分対応するためにはMSYを22頭まで高める必要があるとみている。それにより生産性が高まれば、いまよりも国内価格を引き下げることができ、それがFTAによる輸入豚肉への対抗につながるとともに、国内養豚農家への被害を最小限に食い止めることができる手段と考えている。

　また、豚肉の輸入価格及び国内価格についてみたのが、図4-3である。2010年における韓国の豚肉の平均輸入単価は1kg当たり2.30ドルであり、EUのそれは2.58ドル、チリ2.57ドルと平均に対し12％高いが、アメリカは2.16ドルと平均よりも6％低い水準である。11年の平均輸入単価は、前年対

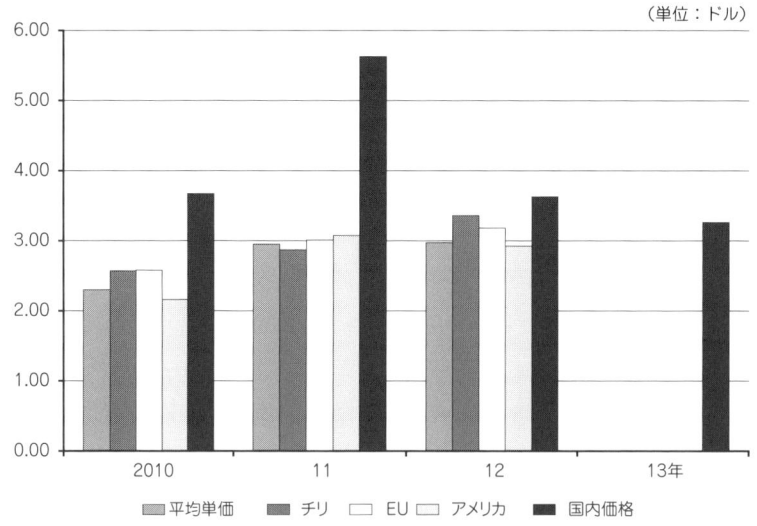

第4章　韓EU　FTAと国内養豚の対応

図4-3　韓国における豚肉の国内価格と輸入単価

（単位：ドル）

資料：『貿易統計年報』（各年版）及び韓国農村経済研究院「観測情報」より作成。
注：1kg当たりの価格である。

凡例：平均単価　チリ　EU　アメリカ　国内価格

比28.3％増の2.95ドルと輸入急増により価格も上昇している。同じくEU・アメリカ・チリの輸入単価も上昇しており，EUは3.01ドル（16.7％増），チリ2.87ドル（11.7％増）と平均以下の上昇率であるのに対し，アメリカは3.07ドル（42.1％増）と大きく増加している。12年の平均輸入単価は，2.97ドルと0.7％増加し，EUも3.18ドルへ5.6％の増加，チリに至っては3.36ドルと17.0％も増加している。これに対しアメリカは，11年の輸入急増の反動を最も受けた結果，2.92ドルへ4.9％低下している。

　他方，この間の国内価格をみると，2010年がドル換算で1kg当たり3.67ドル（4,248ウォン）であり，平均輸入単価に対し59.6％，同じくEUに対し42.2％，アメリカ69.9％，チリよりも42.8％高い水準である。11年は口蹄疫の影響で5.63ドル（6,239ウォン）と1.5倍に跳ね上がり，その結果，輸入単価に対し2倍近くの価格差が生じている。口蹄疫が終息した12年には，3.63ドル（4,089ウォン）へ前年に比べ35.5％も下落しており，KREIの報告書でも30％

171

強の価格低下を強調していた。だがこの減少率に関しては，11年の価格が口蹄疫により高騰した結果であり，12年の価格は10年の水準に回帰したに過ぎない。むしろ注視すべきは，13年以降の価格動向である。13年の国内価格は3.26ドル（3,614ウォン）と10年に対し11.2％の下落，12年に対しては10.2％下落しており，価格低下だけで判断すると，13年には養豚農家に対しFTA被害補填直接支払いが発動される可能性がある。

輸入単価と国内価格との差については，次の点に留意する必要がある。すなわち，小売価格の段階ではFTAの発効によって，輸入豚肉価格が関税引き下げ分下がったわけではないということである。韓豚協会によると，小売価格は輸入価格，関税率，中間マージン，輸送料金で構成される。だが，FTAにより関税が引き下げられても，業者はその引き下げ分の多くを中間マージンに上乗せし，国産豚肉価格の70％の水準で輸入豚肉の小売価格を設定している。業者にとっては，国産豚肉との価格差においてそれが一番よく売れる価格帯であるため，それ以上輸入豚肉の価格を安くする必要がないとみている。したがって消費者は，FTAによる関税引き下げの恩恵を必ずしも完全に受けているわけではない。関税の引き下げが消費者に還元されていない問題は，家電や乗用車，ブランド品など様々な品目にも広がっており（「朝鮮日報」2012年2月22日），公正取引委員会も調査に乗り出している。その一方で，関税引き下げ分が完全に輸入豚肉の小売価格に反映されていないため，国産豚肉への価格圧力がその分弱まるという点で，国産豚肉にとっては有利に作用している。

また，国産豚肉の消費促進のため，韓チリFTAを発効した2004年から韓豚自助金事業を開始している。これは養豚農家が豚を出荷する際，1頭当たり800ウォンを拠出する事業である。13年では養豚農家拠出金113億ウォンと政府支援金60億ウォンなど計175億ウォンを韓豚自助金として基金化している。韓豚自助金は，韓豚自助金管理委員会がその使途を決定し，自助金の34％は韓豚販売店の認証事業や試食会の実施など流通に関する支援に活用し，30％は主にテレビやラジオ，放送プログラムの制作など消費広報活動に用い

ることで，国産豚肉の消費促進を喚起している。

　以上を整理すると，2011年の口蹄疫による不測の事態を含むが，10～12年で比較するとEU・アメリカは輸入量で約1.5倍，輸入額で2倍前後増加していた。そうしたFTAによる豚肉輸入の増加に対応するために，急激な規模拡大と生産性の向上を進めており，10～15年後には4,000戸の養豚農家が1,000万頭を飼養する形にするとともに，それら農家のMSYを22頭に高めていくとした。そのことが国産豚肉価格の引き下げにつながり，価格競争力の面で輸入豚肉との対抗が可能となる。ひいてはそれが，国内養豚農家の被害を最小化することにつながるとしていた。しかし，それは競争力の強化が可能な4,000戸の農家に限定したことであり，彼らにとっての被害を最小化するに過ぎない。その一方で韓豚協会が指摘するように，小規模な養豚農家の2,000戸がFTAの発効と安価な輸入豚肉により国内養豚から淘汰され，廃業を余儀なくされるということでもある。

　さらにFTAによる関税引き下げも，業者による中間マージンの上乗せで消費者にとっては輸入豚肉と国産豚肉の決定的な価格差には至っていないということであった。換言すると，本来であれば関税引き下げ分も含めた輸入豚肉のいま以上の価格低下により，国産豚肉価格への圧力もより強まるはずであったが，結果的にそれが回避されているということである。したがって，現在のFTAによる輸入豚肉価格や国内価格は，部分的なFTAによる影響を示しているに過ぎない。それにもかかわらず，国内価格は低下傾向にあった。EU及びアメリカとのFTAは発効して1～2年に過ぎず，加えて豚肉は10年かけて関税を撤廃することで合意していることから，今後も価格低下圧力が強まるものと予想されよう。

注
（1）武田紀久子「EUのFTA戦略，周到さは韓国以上？」『日経ビジネス　オンライン』2010年10月21日。
（2）2010年の貿易実績をみると，EUへの輸出ではドイツが107億ドルと突出しており，輸出総額の20.0％を占めている。2・3位が50億ドル台のイギリス・オ

ランダ,4・5位が40億台のスロバキアとポーランドであり,上位5カ国で全体の56.8%に達する。

　EUからの輸入もドイツが最も多い154億ドルで,全体の39.1%を占めている。2位はオランダの65億ドルで16.5%を占め,3〜5位のベルギー・イタリア・イギリスでは30億ドル台となり,上位5カ国で輸入総額の79.8%を占めている。なお,10億ドル以上の輸入相手国でもフランスを含む6カ国に限ており,特定国からの輸入に偏重していることが分かる。

　貿易収支をみると,最大の黒字相手国がスロバキアの44億ドルで,2位のポーランドも42億ドルを記録している。3位はイギリスの25億ドル,以下ハンガリー23億ドル,マルタ15億ドルとつづく。他方,赤字相手国は5カ国のみである。最も赤字額の大きいのが,輸出入ともに1位のドイツで47億ドルである。2位がオランダの12億ドル,3位はベルギーの13億ドル,4〜5位のルクセンブルグとスウェーデンも1億〜2億ドルの赤字を計上しているが,先の3カ国に比べると小さい。

(3)近年の韓国造船業の概要については,古賀義弘「造船　日・韓・中造船業界の熾烈な競争と日本企業」(丸山惠也編著『現代日本の多国籍企業』新日本出版社,2012年)を参照。

(4)リンゴの品種のうち「フジ」の関税撤廃期間は20年(セーフガードは23年間)で,その他の品種は10年(セーフガードは10年間)で関税を撤廃する。同様にナシは,東洋ナシは20年,その他は10年で関税撤廃する。

(5)EUは当初,韓国の国内基準を改正して,UNCEC規定の安全水準及び環境水準に合わせるよう要求していた。しかし韓米FTAでは,安全基準などの規格改正の場合,事前にアメリカ政府や企業などの意見を聴取するために改正案の公開が義務づけられており,韓米FTAとの関係上,韓国国内の基準を改正することは困難と判断された(牧野直史『EU韓国FTAの概要と解説』ジェトロ,2011年,p57)。そのため「類似」あるいは「調和」,「再検討」といった調整措置が組み込まれている。

(6)イ・ジョンウォン他『韓EU FTA』ノビキビ,2007年,第3部(第8〜10章)。

(7)対外経済政策研究院『韓EU FTA 1年の評価と展望』2012年,p6。

第5章

直接支払制度の展開
―水田・米からFTA対応へ

1．はじめに

　韓国も欧米あるいは日本と同じく，価格支持政策の実施や米の政府買入制度などをおこなってきた⁽¹⁾。だが，1995年のWTO体制への移行にともない，農業分野では政策介入が原則禁止となり，その象徴の1つとされる生産刺激的な価格支持政策が廃止された。それに代わり市場メカニズムによる農産物価格の形成と，必要な政策は市場外で実施する直接支払政策への転換が求められた。

　直接支払政策への転換という点では，韓国は1997年の規模化促進直接支払制度を皮切りに，99年の親環境農業直接支払制度など日本に先んじて導入してきた。なかでも2001年に導入した水田農業直接支払制度を画期に，2000年代前半は水田及び米を対象とした直接支払いに力を入れてきた。ところが，04年にチリとのFTAを締結して以降，2000年代後半はFTAに対応した直接支払いに取り組んでいる。

　そこで本章では，これまで導入している主な各種直接支払いのねらいと交付実績を確認しながら，水田及び米を中心とした直接支払いからFTA対応の直接支払いへ展開していった背景を明らかにしつつ，特にFTAへの影響をカバーする目的でつくられたFTA被害補填直接支払制度に焦点をあて，その効果と課題を考察する。

2．直接支払制度の変遷

（1）競争力強化としての直接支払制度

　韓国における価格支持政策から直接支払政策への農政転換の方向は，大きく2つに分けられる。1つは，WTOによる市場開放への対応を目的とした規模拡大による競争力強化であり，1997年に規模化促進直接支払制度（2001年に経営移譲直接支払制度に名称変更，以下「経営移譲直接支払い」で統一）を導入している。

　経営移譲直接支払いは，離農する高齢農業者の所得安定と米専業農家の規模拡大を同時に達成するものである。すなわち，10年以上継続して農業経営に従事した65歳以上の高齢農業者が，農業振興地域内の所有農地（水田）を一括して米専業農家に売買または5年以上の長期賃貸をした場合，1 ha当たり268万ウォンを受給できる。なお，99年から所有農地の全部を一括ではなく，年次的かつ段階的に移譲する場合も対象としている。

　2003年には一部改定し，3年間継続して米を栽培し，10年以上米作業に従事した63〜69歳の高齢農業者が，韓国農漁村公社を通じて所有農地（水田）を米専業農家に売却する場合，年齢に応じて最短2年・最長8年間，1 ha当たり289.6万ウォンを毎月分割で支給する。賃貸の場合は，1 ha当たり297.7万ウォンを1回支給する。また，韓チリFTAの追加支援対策として，70〜72歳高齢農家に対しても，04〜06年の間に売却及び賃貸した場合，1 ha当たり297.7万ウォンを1回のみ支給することを決定している。これらは，いずれも2 haまでの支給上限を設定している。

　さらに2009年から韓米FTA対策として，経営移譲直接支払いを拡大・改編している。すなわち，第1に対象農地を農業振興地域内の水田に限定していたものを，農業振興地域内の畑・樹園地まで拡大している。第2に申請年齢をこれまでの63〜69歳から65〜70歳に変更し，第3に支給期間も75歳まで最長10年間延長している。第4に支給単価を1 ha当たり300万ウォンに引き

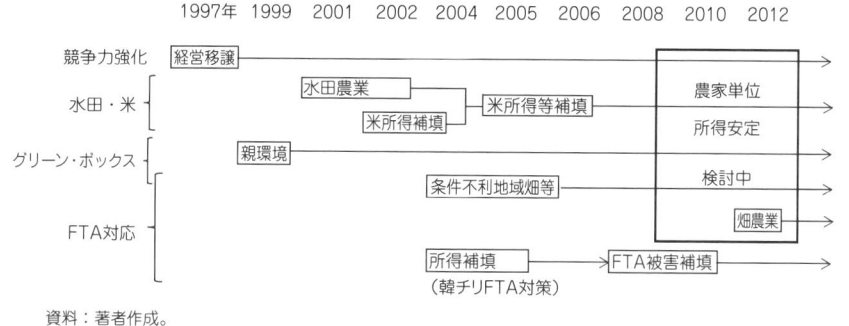

図5-1 直接支払政策の変遷

```
              1997年  1999  2001  2002  2004  2005  2006  2008  2010  2012
競争力強化 ┤  経営移譲 ─────────────────────────────────→
          ┌              水田農業 ───────────                  ┌────────┐
水田・米  ┤                   米所得補填 ── 米所得等補填        │農家単位│
          └                                                    │        │→
          ┌        親環境 ─────────────────────→              │所得安定│
グリーン・│                                                    │        │→
ボックス  ┤              条件不利地域畑等 ──────→             │ 検討中 │→
          └                                                    │        │
FTA対応  ┤              所得補填 ── FTA被害補填 ─→            │ 畑農業 │→
                       (韓チリFTA対策)                         └────────┘
資料：著者作成。
```

上げている。

1997年の導入以降，2011年までの実績（累積）は，経営移譲した高齢農業者9.5万人に対し，総額2,849億ウォンを交付している。移譲した農地6.8万haは，専業農家6.5万戸が集積し，その結果専業農家は1戸当たり1.04ha経営規模を拡大している。

なお，以下多様な直接支払政策を取り上げるため，直接支払政策の展開を簡略なチャート図で示しておく（図5-1）。

（2）グリーン・ボックス対応の直接支払制度

いま1つの農政展開の方向は，WTO農業協定のグリーン・ボックスに対応するため，「農業の公益的機能」や「安全な農産物の提供」を重視した直接支払いの導入である。具体的には，環境及び条件不利地域を対象とした直接支払いであり，1997～98年にかけて具体的導入に向け検討している。その結果，まずは99年に親環境農業直接支払制度（以下「親環境直接支払い」）を先行して導入している。親環境直接支払いは，当初環境規制地域だけを対象としたものであり，一定の基準（化学肥料は標準施肥量以内，農薬は安全使用基準の2分の1以下）を満たすものを親環境農産物と認証し，当該農地

表 5-1　親環境農業直接支払いの実績

(単位：千戸, ha, 億ウォン)

	1999〜2001年	02	03	04	05	06
農家数	55	7	12	15	22	46
面積	31,208	5,274	10,459	12,827	20,780	34,896
支給額	171	28	30	45	82	141

	07	08	09	10	11	12(計画)
農家数	69	97	112	116	88	―
面積	53,682	76,352	90,132	93,318	71,766	73,000
支給額	208	287	345	376	306	436

資料：『農漁業・農漁村及び食品産業に関する年次報告書』(各年版)より作成。

に対し1ha当たり52.4万ウォンを交付する[2]。その後，02年に対象地域を全国に拡大し，03年からは基本単価に加え，親環境の取り組み内容に応じたインセンティブを付与している。06年に改定したインセンティブでは，有機39.2万ウォン，無農薬30.7万ウォン，低農薬21.7万ウォンである。これら基本単価・インセンティブの交付期間は3年間に限られる。

交付実績は，表5-1のとおりである。全国規模に拡大した2002年以降，農家数・面積ともに順調に増加し，10年には11.6万戸・9.3万haと過去最高を記録している。ところが，親環境農業のうち低農薬の新規認証をストップしたことで，低農薬の新たな実績が加算されないため，11年には8.8万戸・7.2万haへ減少している。地目別では畑よりも水田の方がやや多いが，ほぼ半分ずつである。1農家当たりの交付面積は0.8〜0.9ha，支給額は30万ウォン前後と，毎年ほぼ同じ規模である。

全体に占める親環境農業の割合は，2002年で農家数0.5％・面積0.3％に過ぎなかったが，最高を記録した10年は農家数9.9％・面積5.4％まで増えている。とはいえ，それでも全体の1割に満たない水準というのも事実である。

(3) 水田・米を軸とした直接支払制度の本格導入

親環境直接支払いと同時並行で進められていた条件不利地域に対する直接支払いの導入に向けた動きは，次の理由により一時ストップすることとなっ

第5章　直接支払制度の展開

た。韓国では2000年においても総世帯に占める農家の割合が1割弱を占め，特に地方では現在も農家・農村が一定の政治的影響（集票）を有しており，そのなかの77.9％が米作付農家である。同様に，耕地面積に対する水田の割合も約6割を占める。このような政治的かつ生産構造的側面を考慮すると，条件不利地域を対象とした限定的な直接支払いではなく，多くの農家が所有し生産する水田・米に対する直接支払いが重視されることとなり，その結果01年に水田農業直接支払制度（以下「水田農業直接支払い」）を導入している。

　水田農業直接支払いは，1 ha当たり農業振興地域に25万ウォン，農業振興地域外には20万ウォンが支払われる。交付単価は2002年に2倍に引き上げ，翌03年にも微増し，それぞれ53.2万ウォン，43.2万ウォンとなっている。

　さらに，2002年から米所得補填直接支払制度（以下「米所得補填直接支払い」）を導入し，米価下落へのセーフティーネットを設けている。すなわち，政府と農業者が拠出して基金を造成し[3]，米価下落時に基準価格（直近5年の収穫期米価のうち最高・最低を除く平均価格）と当年の収穫期米価の差額の80％を補填する仕組みである。ところが2000年代前半は，比較的米価が安定的に推移した期間であり，02～04年の間に収穫期米価が基準価格を下回ることがなかったため，米所得補填直接支払いが発動されることはなかった。

　その後2005年からは，水田農業直接支払いと米所得補填直接支払いを統合して，新たに米所得等補填直接支払制度（以下「米所得等補填直接支払い」）を導入している。その背景の1つには，ミニマム・アクセス（MA）米の市場流通の義務化が関係している。韓国は米の関税化猶予の代替措置として1995～04年の10年間，MA米の輸入をおこなっている。それをさらに10年間（05～14年）延長するための交渉において，韓国に米の輸出意思を表明した9カ国（アメリカ，オーストラリア，中国など）から次の条件が出されている。1つは，MA米の輸入量を04年の20.5万トン（国内消費量の4％）から14年の40.9万トン（同7.96％）まで拡大することである。いま1つは，MA米の多くが北朝鮮への食糧援助に回されるなど韓国における米市場の開拓に結び付いてこなかったことから，韓国政府は05年にMA米の10％を飯米用と

表5-2 米所得等補填直接支払いの交付実績

(単位：千戸，千ha，億ウォン)

	固定支払い ①			変動支払い ②			交付金額計 ①＋②
	農家数	面積	金額	農家数	面積	金額	
2006年	1,050	1,024	7,168	1,000	951	4,371	11,539
07	1,077	1,018	7,120	1,020	933	2,792	9,912
08	1,097	1,013	7,118	—	—	—	7,118
09	866	891	6,328	815	809	5,945	12,273
10	837	883	6,223	781	789	7,501	13,724

資料：『農漁業・農漁村及び食品産業に関する年次報告書』(各年版)より作成。

して市場流通させることの義務化と，さらにその量を10年には30％まで増やすことを要求され，いずれの条件も受け入れてMAを延長している。そのため今後予想される米価の下落をカバーし，米農家の所得を補償することが米所得等補填直接支払いのねらいである。

　米所得等補填直接支払いは，水田農業直接支払いを原型とする固定支払いと，米所得補填直接支払いを原型とする変動支払いから構成される。固定支払いは当初１ha当たり平均60万ウォンであったが，06年に70万ウォンに引き上げている[4]。他方，変動支払いは「｛(基準価格－収穫期米価)×85％｝－固定支払い」を交付する仕組みであり，米所得補填直接支払いよりも補填率を５％上乗している。基準価格は当初３年，その後５年ごとに改定し，必ず国会の同意を必要とする。最初の３年間（2005～07年）の基準価格は，収穫期米価（2001～03年産）と米買入制度の直接所得効果，03年度の水田農業直接支払いによる所得効果の３点を総合的に判断し，80kg当たり170,083ウォンに定めている[5]。次の５年（08～12年）も改定せず，170,083ウォンのままである。

　表5-2は，米所得等補填直接支払いの加入状況を示したものである。2006～08年の固定支払いは，いずれも100万戸強，100万ha強の農家及び水田に対し約7,100億ウォンを交付している。変動支払いは，米価が高かった08年は発動されず，06～07年は約100万戸・90万ha強に4,400億ウォン及び2,800億ウォンを交付している。ところが09年は，農家数・面積ともに１～２割程度

第5章 直接支払制度の展開

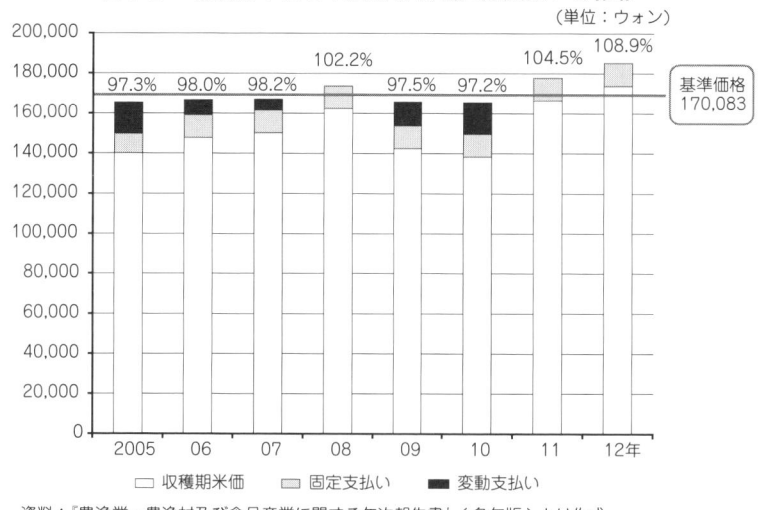

図 5-2 収穫期米価と米所得等補填直接支払いの推移

(単位:ウォン)

基準価格 170,083

□ 収穫期米価　□ 固定支払い　■ 変動支払い

資料:『農漁業・農漁村及び食品産業に関する年次報告書』(各年版)より作成。
注:80kg当たりの金額である。

減少している。これは08年に，農地を所有するが実際に自作していない農家が不当に受給していたことが社会問題化し，09年に法令等の改定など制度の改善をおこなったためである。その主な内容は，①2005～08年までの間に，交付金を1回以上正当に受給したものに対象を限定（ただし，後継者など新規参加条件を有するものは例外），②農外所得を含む農家総所得が3,700万ウォン以上の農家は支給対象者から除外，③支給上限面積の設定（農業者30ha，法人50ha），④実耕作の確認体制の強化として，耕作事実確認書（基本は里長が確認）及び肥料・農薬購入の領収書など営農記録の提出の義務化，⑤民間監視団体を設立し，不正受給を告発した第三者に対し1件当たり10万ウォン，年間100万ウォンの範囲内で申告報奨金を支給する，⑥不正受給者には1年以下の懲役または1,000万ウォン以下の罰金を科し，受給金額とその2倍の不当利得金を徴収する，といった厳しいものである。

図5-2は，米所得等補填直接支払いが基準米価170,083ウォンに対しどの程度カバーしているのかをあらわしたものである。図からわかるように，2010

年までは08年以外収穫期米価が低く，固定支払いを加えても基準価格を下回るため，変動支払いを交付している。変動支払いは，07年の5,520ウォンから05年の15,710ウォンと幅広く，米農家は基準価格の97.2％（10年）から98.3％（07年）の水準を確保している。他方，近年は収穫期米価が好調のため変動支払いはなく，08年で102.2％，11年104.5％，12年108.9％と基準価格を上回る水準である。

　米所得等補填直接支払いは，2013年に次の２つの点を変更している。１つは，基準価格の改定の年にあたるため，根拠法にもとづき計算した結果，次の５年（13～17年）の基準価格を4,000ウォン引き上げ174,083ウォンにしている。いま１つは，固定支払いについて，農林水産食品部が李明博政権時の12年に90万ウォンへ引き上げる予算案を提出したが，予算処との折衝の結果，13年から80万ウォンに引き上げている。固定支払いの単価は，実質的には農工間の所得格差・政治的配慮・予算制約の３つを総合的に判断して決定することから，政治的関心（集票）に利用されやすい。事実，12年の大統領選挙において，朴槿恵（パククネ）大統領も在任中の５年間で固定支払いの単価を100万ウォンに引き上げるという選挙公約を打ち出しており，今後さらに引き上げられる可能性が高い。

　このように韓国の水田・米は，一部市場流通への義務化をともないつつもMA延長による米輸入のシャットアウトによるカバーと，直接支払いによる手厚い補償という二重の強固な対策が講じられている。

（４）FTA対応の直接支払制度への転換

　その一方で，2004年に最初のFTAである韓チリFTAの発効と，国策としてFTA推進に舵を切るなかで，FTA対応を軸とした直接支払いに転換することとなる。これまでみてきたように，韓米FTAを含むすべてのFTAでは米を例外品目としている。その一方で，水田・米以外の品目はFTAによる国内農業への影響が懸念されるなか，FTAへの直接対策として廃業支援金とFTA被害補填直接支払制度（当初は所得補填直接支払い）を導入している。

このうち廃業支援金は第2章の韓チリFTAでみたとおりであり，FTA被害補填直接支払いについては後述する。

さらに，水田・米以外の品目への影響に加え，農政の水田・米偏重に対する農家及び地域—特に江原道や済州道などの畑作地帯からの不満が顕在化するなか，畑作地帯への手当が要求されることとなる。それと同時に，FTAによる安価な農産物の輸入増加の影響が最も先鋭化する限界地への支援も注目され，改めて条件不利地域に対する直接支払いが検討されることとなる。その両者の重なる領域が条件不利地域の畑作であり，2004年から条件不利地域畑等直接支払制度（以下「条件不利地域畑等直接支払い」）を導入している[6]。

条件不利地域畑等直接支払いは，2004年から2年間，江原道を対象にモデル事業を実施し，06年から全国導入している。交付対象は，全農地の耕地率（全国平均耕地率22%以下）と傾斜率（傾斜度14%（＝8度）以上の面積が50%以上）を基準に選定した法定里内の畑等であり，交付単価は畑・果樹園40万ウォン，草地20万ウォンである。条件不利地域畑等直接支払いは，限界地への地域対策の側面も有しているため，交付金を受給するためにはマウル（日本の集落に相当）協約を結び，交付金額の30%以上をマウル共同基金として地域のために活用することが求められる。

条件不利地域畑等直接支払いの実績をみると（**表5-3**），モデル事業の2年間は農家数3.5万戸・交付面積3.1万ha・交付金額約130億ウォンであったが，全国展開した2006年には農家数・面積・支給額ともに4倍に増えている。10年以降，現行の条件不利地域の選定基準を再度確認した結果，対象から除外

表5-3　条件不利地域畑等直接支払いの実績

（単位：千戸，千ha，億ウォン）

	2004年	05	06	07	08	09	10	11	12
支給額	126	139	459	431	432	425	508	491	504
農家	35	35	141	164	166	162	157	152	156
面積	31	31	118	109	110	108	103	100	103

資料：『農漁業・農漁村及び食品産業に関する年次報告書』（各年版）より作成。

及び追加する地域が発生したため前年に比べやや減少し，12年実績で農家数15.6万戸・交付面積10.3万ha・交付金額504億ウォンとなっている。

このように韓国の直接支払いは，2000年代前半は水田・米を中心とした直接支払いを展開してきた。ところが，2000年代後半は国策として推進するFTAに対し，廃業支援金とFTA被害補填直接支払いを導入するとともに，安価な輸入農産物の影響が顕著にあらわれると予測される条件不利地域の畑作物に対する直接支払いも実施するなど，もう一つの柱としてFTA対応を軸とした直接支払いを展開している。

(5) 農家単位所得安定直接支払制度の模索

その後，両者の問題—水田・米に偏重した品目間の不公平性の問題と，FTAによる市場開放の拡大による農業所得の不安定性の問題に対応するために，品目別の直接支払いから農家経営単位の直接支払いへの転換を模索している。すなわち，FTA被害補填直接支払いを除くすべての直接支払いを統合して，「経営安定型直接支払い」と「公益型直接支払い」の2つに改編する計画である。

「経営安定型」は，規模拡大した農家の経営不安を取り除くことを目的としており，①一定水準以上の経営規模の農家（主業農家）が対象であること，②農家経営単位での支払いであること，③そのためすべての品目が対象となること，が特徴である。交付は，農産物価格が下落もしくは生産費が上昇した結果，基準の農業所得（直近5年のうち最高・最低を除く平均）より当年の農業所得が低くなった場合，その差額の85％を直接支払いで補填するものである。

他方，「公益型」は，農家の基本的な所得補填を目的とし，すべての農家が交付対象となるように水田・畑等ともに対象としている。ただし，農業の多元的機能（日本の多面的機能）を維持するために，①直接支払いプログラムへの参加，②農地形態および機能の維持，③農薬や化学肥料の使用基準などの条件を課す予定である。

第5章　直接支払制度の展開

　農家経営単位の直接支払いは，2010年からシミュレーションをおこなっている。農業経営体の登録制度を管轄する国立農産物品質管理院が主体となり，道別に1つずつ選定した計9つの邑・面において，農業経営情報を登録した農家4,420戸を対象に，農業生産額に占める比重と所得の変動幅が大きく，かつFTAによる被害が予想される9品目（米，大豆，トウガラシ，リンゴ，ブドウ，ミカン，韓牛，豚，鶏卵）でおこなっている。その結果，交付対象品目は，基準の農業所得を当年の農業所得が下回った米，リンゴ，露地ブドウ，露地ミカンの4品目となり，発動基準を満たす3,238戸（全体の73.3％）に対し総額21億ウォンの直接支払いがおこなわれるという結果が出ている。

　2011年には2回目のシミュレーションとして，対象地域を18の市・郡において44の邑・面に拡大し，農家数9,798戸に対し，新たに11品目（ジャガイモ，裸麦，大麦，白菜，ニンニク，施設キュウリ，長ネギ，ナシ，肉牛，繁殖牛，高麗人参）を追加した計20品目でおこなっている。その結果，対象農家9,798戸のうち67.6％にあたる6,624戸が要件を満たし，1戸当たり平均187.3万ウォンが交付される[7]。さらに12年には，同地域・農家を対象に，新たに15品目追加（ビール麦，トウモロコシ，サツマイモ，スイカ，高冷地白菜，秋大根，高冷地大根，西洋白菜，タマネギ，施設トマト，施設ナス，モモ，柿，キウイ，ゴマ）の合計35品目で，3回目のシミュレーションをしている。

　このように3回にわたりシミュレーションをおこなっているが，韓国では農業所得税が非課税であるため所得を把握する制度が十分に整っておらず，そのような状況下ですべての品目を含めた農業所得を把握することは一層困難をともなうなどの判断から，さらなる検討をおこなうにとどめている。

3．FTA被害補填直接支払制度

　韓チリFTAを締結した際に，FTAによる輸入の影響で国内価格が下落した場合への対応として，発効後7年間の時限措置（2004～10年）で所得補填直接支払いを導入している。所得補填直接支払いは，直近5年（最高・最低

185

を除く，以下同じ）の平均価格の80％を基準価格とし，当年価格が基準価格以下に下落した場合，基準価格と当年価格の差額の80％を補填するというものであった。所得補填直接支払いの対象は，国内農業に影響が生じると予測された施設ブドウ・キウイ・モモの３品目に限定していた。

　ところが，韓米FTAの合意を画期に所得補填直接支払いは，FTA被害補填直接支払制度（以下「FTA被害補填直接支払い」）に衣替えしている。変更点は，①FTAを締結したすべての相手国を対象としていること，②予め対象品目を限定せず，FTAにより国内農業に被害が生じた品目とすること，③対象期間はそれぞれのFTAを発効してから10年間とすること，の３点である。基本的には基準価格の算定方法は所得補填直接支払いを継承するが，所得補填直接支払いとは異なり，基準価格は直近５年の平均価格の80％から85％に，補填率も基準価格と当年価格の差額の90％に引き上げている。さらに，12年の韓米FTA追加支援（**図3-2の(e)**）において，基準価格を平均価格の90％に引き上げるなど要件を緩和している。

　FTA被害補填直接支払いの対象品目や交付金単価は，次のようなプロセスを経て決定される。まず，FTAの履行にともなう国内農業の競争力強化と被害の最小化を目的とした「自由貿易協定の締結による農漁業者等の支援に関する特別法」にもとづき，韓国農村経済研究院（以下「KREI」）内に設置したFTA履行支援センターが，FTAの履行によって生じる農水産物の輸入量の変化や国内価格に与える影響などの調査・分析をおこなう。その結果を，農林水産食品部長官を委員長に，その他企画財政部長官，外交通商部長官，農林水産食品部長官が委嘱した農漁業者団体及び消費者団体の代表，学識経験者など合計20名内で構成するFTA履行支援委員会に報告し，それを材料に支援委員会が決定するという仕組みである。

　FTA支援センターは，貿易規模が一定以上のものや輸入による国内農業への影響が大きいものとして輸入品42品目を選定し，常時これらの輸入量及び価格の動向をモニタリングしている。主要な品目は42品目でほとんどカバーされるが，生産者サイドから申請があった品目も必要に応じてモニタリン

グしている。2012年には23品目（ブルーベリー，漢方に用いるシカなど）の申請があったがこれらは常時ではなく，申請があった時のみ必要に応じてモニタリングをしている。FTA支援センターは，FTA支援委員会に対しすべての品目の現況を説明するとともに，1年単位（FTA発効初年は発効日からその年末まで）でFTA発効前5年間（最高・最低を除く）の平均と比較し，①当該品目の総輸入量の増加，②FTA締結国からの輸入量の増加，③10％以上の国内価格の下落，の3つの条件すべてをクリアした品目も特定品目として報告している。13年1月のFTA支援委員会に対し，3条件をクリアした韓牛（肥育・繁殖）を特定品目として報告し，FTA支援委員会は審議の結果，韓牛（肥育・繁殖）に対しはじめてFTA被害補填直接支払いの発動を認めている。なお，子牛はFTA相手国から輸入しているわけではないが，牛肉の輸入による肥育牛価格への影響が繁殖牛の価格にも波及することから，FTA被害補填直接支払いの対象に含んでいる。

　韓牛（肥育）1頭当たりの直近5年（2007〜11年）の平均価格は525.0万ウォンであり，その90％の472.5万ウォンが基準価格となる。他方，当年価格（2012年）は466.4万ウォンである[8]。その結果，基準価格と当年価格の差額は6.1万ウォンとなり，その90％である54,900ウォンがFTA被害補填直接支払いの対象となる。ただし，54,900ウォンすべてがFTAによる影響と認められるわけではない。政府はそのうちの24.7％がFTAによる関税引き下げの影響（＝輸入寄与度）と認定し，交付金は13,545ウォンとなる。残りの75.3％はFTA以外の国内要因—国内生産の増加と消費の減退によるものと判断している[9]。12年3月の韓米FTA発効から12年末までの韓牛（肥育）の取引頭数は92.4万頭であり，その結果FTA被害補填直接支払いは計125億2,700万ウォン支払われることになる。

　同様に，韓牛の子牛（繁殖）1頭当たりの直近5年の平均価格は223.5万ウォンで，基準価格はその90％の201.2万ウォンである。当年価格（2012年）は151.7万ウォンであり，基準価格との差額49.5万ウォンに補填率90％を乗じた44.5万ウォンが対象となる。韓牛の子牛に対しては，輸入寄与度を12.9％

と算定しているため，FTA被害補填直接支払いの交付金は57,343ウォンとなる。12年末までの取引頭数33.8万頭に，1頭あたり交付金を乗ずると，合計193億7,300万ウォンが支払われることになる。

以上の結果，FTA被害補填直接支払いの総額は319億ウォンとなり，韓牛の1戸当たり交付金額は肥育農家13.4万ウォン，繁殖農家51.9万ウォンとなる。つまり韓牛農家（肥育）は，当年価格（2012年）の466.4万ウォンにFTA被害補填直接支払いの13,545ウォンを合わせた467.8万ウォンを受け取ることになるが，それは直近5年の平均価格の88.9％の水準にとどまり，韓牛農家（繁殖）に至っては70.4％の水準でしかない。

ところでFTA被害補填直接支払いは，韓牛の品質に関係なく一律の平均価格や基準価格にもとづいて支払われる。韓牛の場合，第3章で述べたように5等級（1++，1+，1，2，3）で評価され，当然等級により平均価格やその変動も異なる。そこで以下では，KREIが提供する「観測情報」の価格情報を加工し，5等級区分でみた2012年における韓牛（肥育）の価格変動とFTA被害補填直接支払いとの関係を考察する。同様に，13年においても執筆段階までの情報をもとにみていくことにする。

なお，「観測情報」の価格とFTA被害補填直接支払いの根拠となる価格は，データの出所が異なるため正確に一致するわけではない。だが，「観測情報」の価格データをもとに，韓牛（肥育）の直近5年（2007～11年）の平均価格を計算すると530万ウォンとなり[10]，FTA被害補填直接支払いの525万ウォンと大きな差はない。同様に，12年の平均価格を算出すると465.5万ウォンとなり，上述した12年平均価格466.4万ウォンとほぼ同額である。したがって「観測情報」を用いた価格分析は，概ねFTA被害補填直接支払いの動きを把握できるといえよう。

図5-3は，2010年以降の5等級区分でみた価格変動を示したものである。このうち11年の価格は，10年に比べ19.9％と大きく低下している。これは，10年末に韓国国内で発生した口蹄疫が終息したのち，韓牛飼養頭数が急増したことによる価格低下が関係している。実際11年は，直近5年の平均価格を

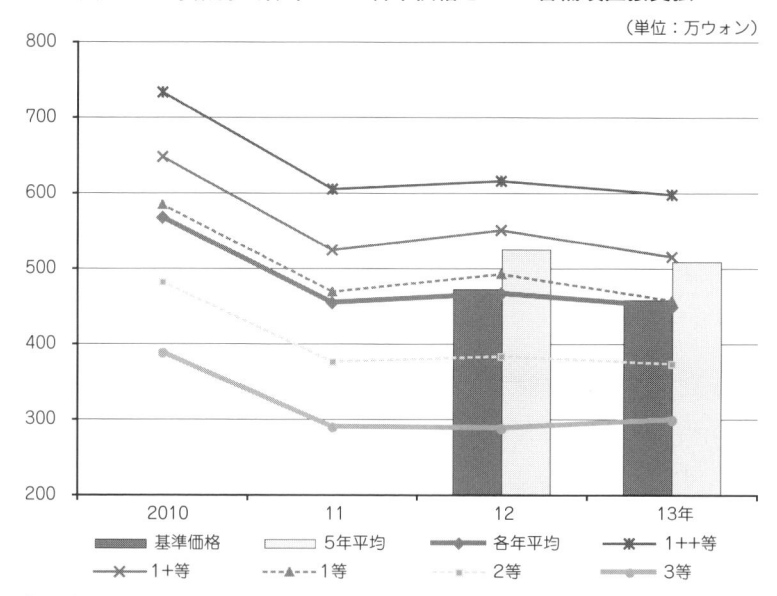

図5-3 等級別1頭当たりの韓牛価格とFTA害補填直接支払い

(単位：万ウォン)

資料：韓国農村経済研究院「観測情報」より作成。
注：1)「平均」は、「観測情報」にもとづく各年の平均価格を示している。
2) FTA被害補填直接支払いの基準価格及び5年平均は、2012年は確定値、13年は「観測情報」にもとづき直近5年(2008～12年、最高・最低を除く)から試算したものである。

算出する際に除外される最低価格でもある。

2012年の5等級別の価格をみると、最高ランクの1++等級から1等級までは12年平均価格よりも高位に位置しており、1++等級で150万ウォン、1+等級85万ウォン、1等級26万ウォン高い価格を形成している。平均価格を下回るのが2・3等級であり、2等級で82万ウォン、3等級に至っては178万ウォンも低い水準である。図中のFTA被害補填直接支払いの基準価格と比較すると、基準価格を1等級以上は上回り、2等級以下は下回るという状況である。FTA被害補填直接支払いは、等級に関係なく一律の当年価格が基準価格を下回った場合に発動されるため、基準価格を超える1等級以上も13,545ウォンを受け取ることになる。その結果、**表5-4**に記すように、等級別価格にFTA被害補填直接支払いの交付金を加えた金額と基準価格との割

表5-4　等級別にみたFTA直接支払いによる補填水準

		等級				
		1++	1+	1	2	3
2012年	（当年価格＋補填金）／基準価格	1.30	1.17	1.04	0.81	0.61
	（当年価格＋補填金）／直近5年平均価格	1.17	1.05	0.94	0.73	0.55
13	（当年価格＋補填金）／基準価格	1.31	1.13	1.00	0.82	0.66
	（当年価格＋補填金）／直近5年平均価格	1.18	1.01	0.90	0.74	0.59

資料：韓国農村経済研究院「観測情報」より作成。

合をみると，1++等級の1.30から1等級1.04までは1を超えるが，2等級は8割水準，3等級は交付金を加えても6割水準にしかならない。また，直近5年の平均価格と5等級別の価格を比較すると（図5-3），それを上回るのは1++等級と1+等級のみに限定される。これにFTA被害補填直接支払いの交付金を加えても（表5-4），1++等級は直近5年の平均価格の1.17，1+等級も1.05と1を超えるが，3等級に至っては0.55とほぼ半分の水準にまで低下する。

同じように，「観測情報」を用いて2013年11月までの韓牛（肥育）価格を試算すると，1頭当たり平均価格448.1万ウォンとなる。これは12年の平均価格よりも3.7％低い水準である。また，直近5年（2008～12年）の平均価格は508.9万ウォン，基準価格はその90％の458.0万ウォンとなる。したがって，基準価格から当年価格を差し引いた金額の90％は8.9万ウォンとなり，12年同様に輸入寄与度を24.7％と仮定すると，21,431ウォンがFTA被害補填直接支払いの交付金となる。

こうした試算をベースに各等級の価格をみると，2012年に比べ価格は3等級のみ4.0％増加しているが，その他は1等級の7.1％減から2等級の2.7％減の範囲内で低下している。13年の平均価格と比較すると（図5-3），前年同様に1等級以上がそれを上回っており，1++等級で149万ウォン，1+等級66万ウォン，1等級9万ウォン平均価格よりも高い。だが前年に比べ，1+

等級と1等級は平均価格との差が縮小していることから，最高ランクに集中した両極化が進んでいるものと思われる。他方，2等級は75万ウォン，3等級は149万ウォン平均価格を下回っている。FTA被害補填直接支払いの基準価格と比較すると，前年と異なり13年は1等級が基準価格と同額に後退している。その結果，基準価格に対する割合も，1++等級の1.30，1+等級の1.12に対し，1等級1.00，2等級0.81，3等級0.65となっている。これにFTA被害補填直接支払いの交付金を加えても，**表5-4**のように全等級とも0.01ポイント上昇するだけである。同様に，FTA被害補填直接支払いの交付金を含めた直近5年の平均価格に対する割合は，1等級以下でいずれも1を下回っている。

　以上を整理すると，FTA発効前年である2011年の韓牛（肥育）価格が直近5年（2007～11年）のなかで最低価格であることに触れたが，2012・13年もその最低価格水準の周辺で推移するなど，韓米FTA後の韓牛価格は低位傾向にあるといえる。等級別では，最高ランクの1++等級の価格も若干低下していたが，各年の平均価格や他の等級との価格差を広げている。一方，最低ランクである3等級の価格は13年に4.0％上昇したが，依然低位で張り付いた感がある。他方，両者の間に位置する1+等級及び1等級は価格の下落，2等級は緩やかな価格低下にあった。すなわち，1+等級から2等級の中間層が3等級に向かって後退し，1++等級のみ相対的に高価格を維持するといった二極化が生まれつつある。

　こうした価格低下へのセーフティネットがFTA被害補填直接支払いである。しかし，基準価格と当年価格の差額のうち，補填されるのはFTAによる被害部分のみを抽出するため極めて限定的である。今回の韓牛（肥育）のケースでは，1頭当たりのFTA被害補填直接支払い交付金13,545ウォンは，基準価格と当年価格（2012年）との差額6.1万ウォンの22.2％に相当する。同様に，直近5年（2007～11年）の平均価格と当年価格（12年）を差し引くと58.6万ウォンとなり，それに対するFTA被害補填直接支払い交付金の割合はわずか2.3％に過ぎないという問題を抱えている。第3章の調査農家も，

FTA被害補填直接支払いの交付金は，韓牛価格の低下分の1％程度に過ぎないと指摘しており，生産現場と政策サイドとの認識には大きな隔たりがある。

またミカンの場合，露地・ハウス・晩柑類に区分し，それぞれ基準価格及び当年価格を算出・設定している。先述したように，露地ミカンは季節関税の採用によりアメリカからの輸入による価格への影響はなかったが，デコポンや瀬戸香といった晩柑類はアメリからの輸入が集中する3～4月には価格が各14.5％・25.8％低下するなど大きな影響を受けていた。それにもかかわらず，FTA被害補填直接支払いは発動されていない。資料・データの制約上，その詳細を知ることはできない。だがその背景には，輸入が集中した3～4月を除く期間では国内価格が大きくは低下しておらず，その結果1年間を通した全体の当年価格の低下が，FTA被害補填直接支払いの発動基準をクリアするものではなかったことや，デコポンや瀬戸香以外の品種（全体の約20％）では大きな価格の低下が生じなかったものと推測できよう。

4．畑農業直接支払制度

FTAとの関係では，2012年から畑農業直接支払制度（以下「畑農業直接支払い」）を導入している。その目的は，「所得が多くなく，生産が減少している対象品目を栽培する農家の安定的な所得補填を通じて，対象品目の自給率を高め，生産基盤を維持すること」としている。だが真のねらいは，第2章の韓チリFTAでも指摘したように，FTAによって被害を受ける果樹農家や畜産農家が当該品目をやめて畑作物に転換し，その結果畑作物の供給増加とそれによる価格の下落といった「玉突き現象」に対応することにある[11]。

対象品目は，麦類や豆類，飼料作物，唐辛子，ニンニクなど19品目である（ただし，相対的に所得の高い作物―果樹・施設野菜などは対象外）。受給資格は，公簿上畑として，当該年度に畑農業直接支払いの対象品目を栽培した農地に対し，①農業経営体として登録したもののうち，畑農業直接支払いの

対象農地で畑作農業に従事する農業者など，②農村地域外の居住者で1ha以上の農地を耕作する農業者，または5ha以上の農地を耕作する営農組合法人・農業会社法人，③年間農産物販売金額が900万ウォン以上の農業者，または4,500万ウォン以上の営農組合法人・農業会社法人である。ただし，対象品目の栽培面積が合計10a以下もしくは登録申請の前年度の農外所得が3,700万ウォン以上のものは受給できず，また親環境直接支払い，米所得等補填直接支払い（固定支払い），条件不利地域畑等直接支払いなどとの重複受給は禁止されている。

　交付単価は，当該年度の対象品目の栽培面積に対し1ha当たり40万ウォンである。同単価は，KREIが試算した市場開放による畑作物の所得減少額44万ウォン（2005年）及び畑が有する多面的機能の貨幣評価30万ウォン（02年）をすり合わせて導出した金額である。しかし実際は，米所得等補填直接支払いの固定支払い70万ウォンの半分程度というのが1つの目安としてあり，その程度の水準であれば，生産者及び消費者（国民）双方に許容されるだろうという政治的意図・配慮が働いている。畑農業直接支払いは，農業者4ha，営農組合法人・農業会社法人10haの交付上限を設定している[12]。対象となる19品目の農家数は68.1万戸，作付面積は14.3万haにのぼる。ただし裏作は対象外であり，表作のみが対象となる。当初，畑農業直接支払いの予算は572億ウォンであったが，韓米FTAに対する風当たりが強まるなか，予算は624億ウォンに膨らんでいる。

　2012年には8.4万haの申請があり，そのうちの8.3万haに交付している。したがって，計画に対する実施率は58.0％にとどまる。その背景には，第1に米所得等補填直接支払いの固定支払いに比べ単価が低いことが関係している。第2に対象となる品目の作付面積が小さく，その結果1戸当たりの交付金額は8.4万ウォンとわずかでしかないことである[13]。第3に申請手続きが煩雑なため，農家にとってはメリットが少ないことである。そのため対象品目をこれまでの19品目から26品目に拡大することが決定するとともに[14]，交付単価の引き上げが検討されている。

5．FTA対応の直接支払いの検証

　1990年代後半以降に導入した直接支払いの展開を整理すると，大きくは2000年代前半からの政治的かつ生産構造的特徴に配慮した水田・米を軸とする直接支払いの構築と，2000年代後半からはFTA戦略による国内農業への影響緩和を目的とした直接支払いの展開，に区分することができよう。

　しかし，これらの支給実績や制度設計，交付金の水準を比較すると，FTA対応としての直接支払いはかなり脆弱という印象は拭えない。各種直接支払いの年間支給額をみると，経営移譲直接支払いは15年間で総額2,849億ウォンを投じている。したがって，1年当たりの支給額を算出すると190億ウォンとなる。親環境直接支払いの直近3年の平均支給額は342億ウォン，同じく米所得等補填直接支払いは1兆1,038億ウォンである。また，条件不利地域畑等直接支払いは501億ウォン，畑農業直接支払いは交付面積に単価を乗じると332億ウォンとなる。FTA被害補填直接支払いは，韓牛の肥育農家に支払われた125.3億ウォンと繁殖農家193.7億ウォンの計319億ウォンである。したがって総額でみると，米所得等補填直接支払いは，韓牛群を抜いて多く，2番目に多い条件不利地域畑等直接支払いはその4.5％の支給額でしかない。畑農業直接支払いは3.0％，FTA被害補填直接支払いも2.9％に過ぎない。

　ただし米所得等補填直接支払いの場合，米生産農家数も多いことから総額が大きくなることは否定できない。そこで，受給農家1戸当たりの交付金額をみると，経営移譲直接支払い300.0万ウォン，親環境直接支払い32.5万ウォン，米所得等補填直接支払い162.4万ウォン，条件不利地域畑等直接支払い32.3万ウォン，畑農業直接支払い8.4万ウォン，FTA被害補填直接支払いのうち韓牛（肥育）農家13.4万ウォン，韓牛（繁殖）農家51.9万ウォンである。このうち最も多いのが，離農給付金にあたる経営移譲直接支払いである。次に多いのが，米所得等補填直接支払いであり，他の直接支払いとは異なり

100万ウォンを超えている。

　米所得等補填直接支払いの場合，固定支払いと条件を満たせば変動支払いが交付され，米農家は収穫期米価に加え，固定支払いと変動支払いを受けることとなる。すなわち，「収穫期米価＋固定支払い＋｛(基準価格－収穫期米価)×85％－固定支払い｝」となり，これを整理すると「基準価格の85％＋収穫期米価の15％」になる。したがって，基準価格の水準が米農家の収入にとって決定的な意味をもつ。これまで設定された基準価格は，80kg当たり170,083ウォン（13年から174,083ウォン）である。最も米の生産費が高かった2012年でも，全国平均で12万ウォンと基準価格を下回る水準である。韓国の場合，規模の経済があまり作用しないため，最下層（0.5ha未満）で13万ウォン，最上層（10.0ha以上）でも10万ウォンの生産費を必要としている[15]。したがって，基準米価の170,083ウォンは，すべての米生産農家のコストをカバーする水準に設定されていることが分かる。そして，**図5-2**で記したように米価が低下しても，少なくとも基準価格の97％以上を米所得等補填直接支払いを通じて最終的にカバーしている。これに，対外的にはWTOによるMAとFTAによる例外品目扱いでの保護が加わる[16]。

　他方，FTA被害補填直接支払いは，直近5年の平均価格の90％を基準価格として設定し，基準価格と当年価格の差額の90％のうちFTAによる被害を抽出した輸入寄与度のみを補填するとしていた。支援センターによると，根拠法である「自由貿易協定の締結による農漁業者等の支援に関する特別法」では，①当該品目の総輸入量の増加，②FTA締結国からの輸入量の増加，③10％以上の国内価格の下落，の3つの条件のみを規定しており，FTA以外による価格低下の要因，すなわち国内生産量の増加や消費の減退は想定しておらず，法律にも明記されていない。そのため国会では，「法律の拡大解釈ではないか」との批判も生まれている。だが，法律の目的が「自由貿易協定を履行する際に…被害を受ける恐れのある農漁業者に対して効果的な支援対策をおこなう（第1条）」とFTAによる被害が対象であること，FTA被害補填直接支払いの算定式に「調整係数」を設けており，その部分に輸入寄与

度を反映させていること，最終的には農林畜産食品部長官に決定権限があること，を根拠として輸入寄与度による交付金の算定に踏み切っている。その結果，韓牛（肥育）の場合，12年の「当年価格＋補填金」は基準価格の98.8％，試算した13年は98.3％をカバーしていた。同じく直近5年の平均価格に対しては，12年88.9％，13年88.5％と9割を切っている。

　この基準価格を分母としたカバー率は，先の米と比較してもほとんど変わらない水準である。だが，両者の基準価格の性格が異なるため，カバー率の意味も異なる。米の場合は，全農家の生産コストをカバーする水準に固定化した基準価格であった。他方，FTA被害補填直接支払いは，基準価格の算定基準となる平均価格が直近5年でスライドするため価格の傾向的低下に対応できないとともに，基準価格も平均価格の90％に抑えられている点で大きく異なる。そうした条件のなかでの98％のカバー率である。

　分子については，FTA被害補填直接支払いの交付金算定にあたり，まずは基準価格と当年価格の90％が補填の対象となるが，90％の根拠が曖昧である。基準価格を算定する際も直近5年の平均価格の90％としたが，この場合残りの10％は規模の拡大や生産性の向上，コスト削減といった農家サイドの経営努力を促すねらいがある。したがって10％分に関しては政策サイドは関知せず，経営努力をするかしないかは農家個々の判断に委ねられることになる。そのことは同時に，残りの90％は農家の経営努力外の，いわば個々の農家に責任を帰するものではないため，政府の責任のもと補償する必要のある基準価格となる。そのように捉えると，基準価格と当年価格の差額の90％を交付金算定の対象とするのではなく，100％を対象とすることが求められよう。

　基準価格と当年価格の差額のうちFTA被害補填直接支払いで実際に補填されるのは，輸入寄与度に関する部分のみであった。価格下落は，国内生産の増加，国内消費の減少，FTAによる影響，の3つを構成要素としている。それぞれの寄与度を算定するにあたって，どの程度あるいはどの範囲まで把握し算定に反映するのか公表されていない。このうち国内生産の増加には，2つの理由が考えられよう。1つは，国内事情による生産増加である。例え

第5章　直接支払制度の展開

ば，牛肉あるいは豚肉の場合，口蹄疫の発生による殺処分の反動で国内生産が増加したことは先に記したとおりである。いま1つは，第2章の韓チリFTAで記した施設ブドウから露地ブドウへの転換など，FTAを画期に他の品目に経営転換する「玉突き現象」である。同じように国内消費の減少も，不景気などの国内事情による消費の減少と，例えばFTAによる安価な鶏肉が輸入され，それにともなう鶏肉消費の拡大と牛肉消費の減少といった消費面での「玉突き現象」である。生産面での「玉突き現象」は，一部品目に限り畑農業直接支払いを設けているが，1戸当たりの交付金額は8.4万ウォンと少額である。加えて，FTA被害補填直接支払いの対象品目で，かつ畑農業直接支払いの対象品目であれば，この「玉突き現象」は当該品目内で処理されることになる。だが，畑農業直接支払いは現在19品目（拡大後26品目）に限られるとともに，畜産などは含まれないなど多くの品目がカバーされているわけではない。他方，消費面での「玉突き現象」に関するサポートは，いまのところ特にはみられない。このようにみると，FTA被害補填直接支払い自体が，FTAによる被害への支援を目的としているため，輸入寄与度に限定した補填はやむを得ないであろう。だがFTAによる被害であれば，FTAによる安価な農産物の輸入増加という直接的な要因だけではなく，FTAに関わる間接的な要因も含めた総合的かつより精度の高い算定が求められよう。

　さらに，等級別にFTA被害補填直接支払いのカバー状況を確認した。基準価格に対するFTA被害補填直接支払いのカバー率は（**表5-4**），2012・13年ともに1等級で100％，1+等級115％前後，1++等級で130％と100を超え，直近5年の平均価格を分母にすると1+等級が100％強，1++等級が117％となる。したがって，1++等級及びギリギリで1+等級が，FTA被害補填直接支払いによりFTAの影響をある程度吸収することができる。だが，韓牛の出荷量全体に占める1++等級の割合はわずが1割に過ぎない。また1+等級でも3割に限られ，残りの等級はFTAの被害を受けることになる。FTA被害補填直接支払いは，品質の良い競争力を有する一部の等級に対し

て一定の機能を発揮するものの，それ以外の多くの等級は十分な補填を得ることができない。しかも対象期間がFTA発効後10年間に限られるため，農家はその間にFTAに対応可能な競争力のある経営の構築が求められる。このようにみるとFTA被害補填直接支払いは，単にFTAによる被害を補填するというよりも，競争力の有する農家に対してのみ補填の機能が発揮されるとともに，そのことが10年間で競争力のある経営の構築に向かわしめるといった競争力強化としての性格を有す政策といえよう。

注
（1）WTO以前の米政策の変遷については，キム・ビョンテク『韓国の米政策』（ハヌルアカデミー，2004年）を参照。
（2）水田については，2001年に導入した水田農業直接支払いの単価をベースとしている。
（3）基準価格の0.5％を拠出するが，次年度以降継続して加入する農業者は0.1％となる。
（4）水田農業直接支払いでは，農振地域と農振地域外によって交付単価が異なっていた。米所得等直接支払いの固定支払いも同様であり，本文中の70万ウォンは平均の交付単価を指している。正確な交付単価は，農振地域74万6,000ウォン，農振地域外59万7,000ウォンと15万ウォンの格差が設定されている。
（5）80kg換算で，収穫期米価（2001～03年産）15万7,969ウォン，米買入制度の直接所得効果3,021ウォン，03年度水田農業直接支払いによる所得効果9,080ウォンを合計して，基準価格を算出している。なお，これらは計画段階の数値のため，合計金額は17万70ウォンとなっている（北出俊昭「国際化時代における韓国の農業・農政・農協」久保田義喜編著『アジア農村発展の課題』筑波書房，2007年，p45）。
（6）一般的に条件不利地域直接支払制度と呼ばれているが，本稿では畑等に限定されている意味をより強調するために，条件不利地域畑等直接支払制度と記している。詳細は，拙著『条件不利地域農業』（筑波書房，2010年）第7章を参照。
（7）2011年は，基準の農業所得を算出する価格として，以下の2つについても参考として試算している。農家手取価格をベースに算出した農業所得では，5,881戸（60.0％）に対し1戸当たり平均101.0万ウォンが支払われ，同じく卸売市場価格では，6,499戸（60.6％）に対し273.8万ウォンが交付されると推測している。

(8)「韓国農民新聞」(2013年6月12日)で断片的に記載された一部金額をもとに，それぞれの算定式にもとづき著者が算出した金額については，正式な公表金額と若干の差異があるものもある。
(9)ソン・ボンソプ組合長（西帰浦市畜産農協）からのヒアリングによると，韓国全体における韓牛の最適飼養頭数は260万〜270万頭といわれているが，口蹄疫の終息後，多くの農家が韓牛の飼養頭数を増やしたため，現在は300万頭を超える生産過剰の状況にある。
(10)「観測情報」にもとづく価格は，いずれも韓牛平均体重600kg，枝肉率59.9％で計算している。
(11)キム・テゴン「農家所得の安定と直接支払制度の改編」(『農業展望2012』韓国農村経済研究院，2012年）及び同研究員へのヒアリングによる。
(12)ただし，農業者が米所得等補填直接支払いを受ける農地が，5ha以上8ha未満の場合は交付上限が3ha，同じく8ha以上の場合は2haとする。
(13)2012年の交付金を受給した農家数は公表されていないため，対象面積を対象農家数で除した1戸当たり面積0.21haに，交付単価40万ウォンを乗じて算出している。
(14)夏季25品目は，アワ，モロコシ，トウモロコシ，ソバ，その他雑穀（キビ，ヒエ，ハト麦），大豆，ネギ，緑豆，その他豆類（エンドウ豆，インゲン豆，ササゲ），粗飼料（スダングラス，アブラナ，エン麦，レンゲソウ，アルファルファ），ピーナッツ，ゴマ，唐辛子，エゴマ，サツマイモ，ジャガイモ（秋ジャガイモ），長ネギ（春播），ネギである。

　冬季11品目は，大麦，裸麦，麦酒麦，小麦，ライ麦，ニンニク，粗飼料（イタリアングラス），アブラナ，タマネギ，長ネギ（秋播），ジャガイモ（春ジャガイモ）である。
(15)農林水産食品部『農林水産食品統計年報　2012年』。
(16)FTAでは米を例外品目扱いにしているが，MA米によりアメリカなどから韓国に輸出され，市場流通の義務化を通じてMA米の30％が市場流通している点に注意が必要である。

　さらに，MAの延長措置も2014年で切れることになるが，WTOのMA米に関する規定には再延長がないため，15年からは自動的に関税化されることが予想される。したがって，米についても事実上市場開放される可能性が強い。

終章

総括と課題

1．はじめに

　本書は，第1章では韓国がFTA戦略に邁進する経済的背景を輸出依存と格差問題から捉えるとともに，現在の韓国貿易などの実態を明らかにした。またFTAの発効によって懸念される分野の1つである農業について，農家経済と農業構造の現況，さらに海外農業開発の進捗状況も踏まえ，韓国の食料安全保障の方向性について明らかにした。第2章では最初のFTAであるチリを対象に，第3章は世界第1位の経済規模を有し，農産物輸出大国でもあるアメリカとのFTAを，第4章はEUとのFTAを対象に，それぞれの協定内容とFTA発効前後での貿易の変化，農産物輸入と国内農業への影響を考察した。第5章では，水田・米を中心とした直接支払いからFTA対応の直接支払いへと転換した背景を，各種直接支払いの実績を踏まえながら明らかにするとともに，特にFTA被害補填直接支払いに焦点をあて，その問題を考察した。

　これらを踏まえ本章では，FTA発効による韓国貿易への影響を確認するとともに（第2節），FTA戦略によるブドウ・オレンジ・牛肉・豚肉の輸入変化と国内農業への影響，その影響を緩和するために導入したFTA対応の直接支払いの検証をおこなう。最後に，最新のFTA交渉の進捗状況として，2013年12月に合意した韓豪FTA，現在交渉中の中国とのFTA，参加への関心を表明したTPP交渉について触れることにする。

2．貿易面からみたFTAの評価

　韓国がFTA戦略に邁進する理由の1つは，輸出が韓国経済を牽引していたためであった。さらに本書では，格差問題も貿易に依存しFTAを推進する主な要因として取り上げた。すなわち，経済危機後の労働改革を通じた非正規労働者の増加及び正規労働者内での二極化といった二重の格差，それにともなう賃金の低下は輸出企業の国際競争力の強化につながる一方で，内需の停滞を招くためさらなる外需への依存を強め，それが非正規労働者化や賃金低下をさらに深刻化させるという構図であった。労働者（消費者）の多くは，低賃金をカバーするため可処分所得を大きく超える負債を抱えると同時に，安価な輸入財への依存を強めることとなった。そしてこれらの結果が，近年の貿易依存度の高まりとなってあらわれていた。

　以上の背景のもと進められたFTA戦略のうち，本書では特にチリ，アメリカ，EUに注目してFTAの実態をみてきた。では，これら3カ国・地域とのFTAが，韓国の貿易全体にどのような影響を与えているのか，本節でみていくことにする。なお，農産物に関しては，別途次節で確認する。

　まず，チリ，アメリカ，EUとのFTAによる貿易の変化を整理すると，韓チリFTAでは，チリへの輸出が乗用車を中心に大きく伸びたことで，輸出額が発効前の2003年に対し12年は4.8倍に増加していた。同じく輸入も，上位3品目に位置する銅などの鉱物資源を中心に4.4倍に拡大していた。その結果貿易収支は，03年の5.4億ドルの貿易赤字が12年には22.1億ドルの赤字まで増えていた。当初政府は，韓チリFTAにより貿易赤字が毎年3.2億ドルずつ改善すると試算していたが，発効後9年間で貿易赤字は4.1倍（最大で5.2倍）に拡大していた。

　韓米FTAによる貿易の変化は，対象期間が異なる政府資料や貿易統計年報においても，全体的傾向は一致していた。すなわちFTA発効後，アメリカへの輸出は関税撤廃もしくは関税を引き下げる恩恵品目—特に乗用車や自

動車部品などを中心に大きく増えた結果，輸出額は全体で１～４％程度増えていた。他方，アメリカからの輸入は，現行関税率を維持する非恩恵品目――主に航空機及び航空機部品などが大きく減少したため，対米輸入額は２～９％減少していた。こうした輸出増・輸入減の結果，貿易黒字は３割近く増加していた。これを政府が予測した経済効果と照らし合わせると，輸出拡大を期待した乗用車を中心に試算の約２倍の輸出増加がみられた一方，輸入は試算では増加するとしていたが実際は減少したことで，貿易収支も試算の約２倍の黒字を計上する結果となっている。

またEUに関しては，当初政府は，韓EU FTAによりEUへの輸出が25.4億ドル増え，輸入が21.8億ドル増加することで3.6億ドルの貿易黒字が増えると試算していた。ところが発効後２年間の平均で，輸出は20.1億ドル減少し，輸入は55.4億ドル増加したため，貿易収支が76.1億ドル減少するなど，試算とは大きくかけ離れた結果となっていた。特に期待した製造業では，乗用車の輸出が当初想定した水準の６割にとどまる一方で，乗用車の輸入が試算の３倍増を記録したため，製造業の輸出は20.8億ドル減少し，輸入が52.2億ドル増え，貿易収支は73.0億ドル減少していた。

こうしたチリ，アメリカ，EUとのFTA発効後の貿易変化を，韓国の貿易全体のなかに位置づけたのが**表終-1**である。**表終-1**では，貿易額の大きいアメリカ及びEUの変化に焦点をあてるため2010年以降のデータに限定している。つまり，10年以降は韓EU FTA発効後の変化を，11～12年は韓米FTA発効後の変化を確認することができる。

2010～11年における韓国全体の輸出は19.0％増加している。これに対し，FTAを発効したEUへの輸出は4.1％の増加に過ぎず，寄与率でみても2.5％と低い。同じく輸入は全体で23.3％増加し，EUからの輸入も21.2％の増加と拮抗しているが，寄与率では8.4％にとどまる。貿易収支は全体で25.2％減少しているのに対し，EUはそれを上回る42.9％減少しているため，寄与率も58.8％に達する。

2011～12年では，韓国全体の輸出は1.3％の減少に転じている。EUは11.4

表終-1　国別にみた韓国との貿易の変化

(単位：%)

			計	アメリカ	EU	中国	日本	チリ
輸出	変化率	10〜11年	19.0	12.8	4.1	14.8	40.8	-19.2
		11〜12	-1.3	4.1	-11.4	0.1	-2.2	3.7
	寄与率	10〜11年		7.2	2.5	19.5	12.9	-0.6
		11〜12		-31.5	86.5	-1.9	12.0	-1.2
輸入	変化率	10〜11年	23.3	11.4	21.2	20.3	4.9	19.7
		11〜12	-0.9	-2.3	5.8	4.7	-6.1	-9.6
	寄与率	10〜11年		4.6	8.4	13.1	3.2	0.9
		11〜12		21.0	-57.1	-75.8	86.3	10.2
貿易収支	変化率	10〜11年	-25.2	18.5	-42.9	8.2	-22.3	103.3
		11〜12	-8.2	28.1	-112.4	-6.2	-11.4	-20.9
	寄与率	10〜11年		-17.8	58.8	-41.6	-80.0	13.7
		11〜12		-132.4	362.4	140.1	-130.5	-23.2

資料：『貿易統計年報』(各年版)より作成。

％と大きく減少しているが，アメリカは4.1％増加している。その結果，EUの寄与率は86.5％と輸出全体の減少に大きく寄与しているのに対し，アメリカのそれは－31.5％である。輸入も全体で0.9％減少しているなか，EU5.8％増，アメリカ2.3％減と輸出同様に正反対の動きをみせており，寄与率もEUの－57.1％に対し，アメリカは21.0％である。同じく貿易収支は，全体で8.2％減少しているが，EUは112.4％と大きく減少し，アメリカは28.1％増加しているため，寄与率もEUの362.4％に対しアメリカは－132.4％である。したがってこの間の貿易収支は，アメリカの増加に対し，それをはるかに上回るEUの大幅減という構図のなかで減少している。

　以上，チリ，アメリカ，EUのFTA前後の貿易変化と韓国の貿易全体に対する影響を整理した。当初の政府試算は，いずれも韓国にとってプラスの効果が生まれるとし，それがFTAを結ぶ1つの根拠となっていた。だが実際は，試算よりもチリ及びEUはマイナス，アメリカはプラスという結果であった。問題はこの結果を踏まえ，FTAをどのように評価するのか。すなわち肯定的にみるのか，否定的に捉えるのかである。もちろん，世界経済の情勢，韓国及びFTA相手国の経済事情，為替レートの変動など様々な要因が複雑に

関係するため評価は容易ではない。また本書では，国内生産の変化や雇用の増減なども含め評価するわけではない。あくまでも貿易という視点からの評価に限定したものである。

3カ国・地域のうちチリのみFTA発効後10年近くが経過し，かつFTAの合意内容では両国とも農産物を含む96％の品目が10年以内に関税を撤廃することになっており，ある程度固まった形での評価が可能であろう。チリの場合，FTA発効前よりも輸出入額が大きく増えたことから，貿易の拡大という面からはFTAの効果があったといえる。その一方で，政府試算が示した貿易赤字の改善はみられず，むしろ大きく拡大したことを踏まえれば，韓チリFTAの経済効果はなかったといえよう。ただし最初のFTAであるチリの場合，韓国の貿易に占める割合は1％程度と低いため，経済効果よりもむしろ今後のFTA戦略に向けた他国との交渉の経験やノウハウの蓄積といった交渉技術を習得することに1つの大きな目的があったといえる。

これに対し，アメリカ及びEUはFTAを発効して1～2年が経過したに過ぎないが，アメリカとEUの関税譲許のうち関税を即時撤廃する品目の割合は，アメリカ87.1％，EUに関しては96.2％を占めている。したがって1～2年の動きではあるが，ある程度は客観的な評価も可能であろう。先の貿易に関する試算との比較でいえば，韓米FTAでは試算以上の輸出増加と貿易黒字を達成しているため経済効果があったといえ，これに韓米同盟の強化といった軍事・安保面での成果も付随する。逆にEUの場合，試算とは異なり貿易収支が大きく減少したことから，韓EU FTAによる経済効果はなかったといえる。

ただし，これを他国と比較すると異なる評価になる。日本・韓国・中国といった東アジアのなかでアメリカ及びEUとFTAを締結し，すでに発効しているのは韓国だけである。だが，EUへの輸出は日本・韓国・中国ともに減少していたが，その減少率は韓国（5.7％）＞中国（3.2％）＞日本（2.5％）の順であった（**表4-8**）。同様にアメリカへの輸出（2011～12年）を算出すると，日本（11.7％）＞中国（6.6％）＞韓国（4.1％）となり，韓国の増加

率が最も小さい⁽¹⁾。このように他国と比較すると，FTAを締結・発効し，アメリカやEUへの輸出を有利に展開し，相手国市場の先行利益を獲得するという点からは，必ずしもFTA効果を発揮しているとはいえないであろう。いずれにせよ，これらFTAによる中・長期的な貿易の変容とその効果については，今後も精査していきたい。

いま1つ重要なことは，韓国の輸出額のうち上位10品目（EUのみ5品目）に占める割合が，チリ7割強，アメリカ6割弱，EU5割弱と集中していたということである。そのなかでも乗用車が重要な品目であり，FTA発効前後におけるチリ及びアメリカの輸出増加の中心は乗用車であった[2]。EUの場合，対EU輸出が予想に反し減少した大きな要因は，乗用車の輸出が見込みの6割水準にとどまったためであり，EUにおいても乗用車の重要性がみてとれる。このように韓国のFTAを通じていえることは，乗用車を中心とした特定の産業や品目に対する影響が顕著であったということである。だがそれは同時に，上位以外の産業や品目に対しては，FTAによる経済効果が薄く，そのことが国内産業間の格差を生み出すことにつながる。そしてそれが，さらなる労働・所得の格差問題を引き起こすことになり，実際第1章でみたように二重の格差が深化していた。

また近年のFTAの特徴として，非関税障壁が大きな意味をもっていた。韓米及び韓EU FTAでは，医薬品価格の算定，ISDなどの投資，農協や郵便局などの金融・保険サービス，国内法制度の対応，知的財産権などの非関税障壁が重要な内容であった。これらについては，定量的な変化を把握することが困難であるとともに，その変化が短期的にあらわれるというよりも中・長期的なスパンのなかでみえてくるものが多い。実際，医薬品価格では，韓国の製薬会社と国民健康保険公団との交渉で決定した価格に対し異議を唱えることができる制度の協議を，FTA発効後にアメリカサイドが求めたり，許可特許連係制度は発効後3年間の猶予期間が設けられている。ISDについては，米国系ファンドであるローンスターのベルギー子会社と韓国政府とが国際投資紛争解決センターにおいて係争中であるが，裁定までには3年程度

要すること(第3章の注11を参照),韓米FTAと抵触もしくはそのおそれのある国内法制度への対応は第3章で記したとおりであるが,それらは韓国側の解釈にもとづく対応であり,それに対するアメリカ側の反応は明らかとなっていないなど,非関税障壁については現在のところ先行き不透明なものが少なくない。それは,FTA発効後数年経過しなければ,国民生活にとって重要な事柄も含め本当の問題がみえてこないことを意味している。ここに近年のFTAの深刻な問題点をみることができる。いずれにせよ,非関税障壁による影響については今後の課題としたい。

3. 国内農業への影響と直接支払い

(1) 国内農業への影響

　FTA戦略を進めるにあたって,関税撤廃あるいは関税の引き下げにより安価な農産物が大量に輸入され,国内農業に大きな打撃が生じると懸念されていた。本書で取り上げたチリやアメリカ,EUにおいて特に懸念されたのが,果実であるブドウ・オレンジ,畜産の牛肉・豚肉であった。

　FTA発効前後におけるチリからの輸入ブドウ(2003〜11年)は,輸入量で4.3倍,輸入額では7.3倍増加し,同じくアメリカの輸入オレンジ(11〜12年)も輸入量は23.1％の増加,輸入額も30.2％増えていた。このようにFTAの発効によりブドウ・オレンジの輸入は増加しているが,両品目とも韓国は季節関税を採用することで,国内のブドウ及びミカン農家に対する影響緩和を図っていた。

　現地調査によると,季節関税により国内ブドウの9割近くを占める露地ブドウがチリ産ブドウから保護され,同じくミカン生産全体の約8割を占める露地ミカンも季節関税によって守られていたため,これらにはFTAによる直接的な影響は生じていなかった。それは改めて関税が,安価な農産物輸入と国内農業への打撃を防ぐのに有効な政策であることを示すものである。他方,ブドウでは残り1割にあたる施設ブドウ,ミカンでは残り2割の晩柑類

及びハウスミカンの収穫・出荷時期が，チリ産ブドウ及びアメリカ産オレンジの輸入と重なり競合していた。ところが施設ブドウ，晩柑類及びハウスミカンに与えた影響は異なっていた。

　FTA発効後，施設ブドウの農家数や経営面積はむしろ拡大し，FTAによる直接的な国内価格の低下はほとんどみられなかった。そのためFTAによる国内価格下落時のセーフティネットである所得補填直接支払いも発動していない。現地調査を通じてみえたことは，生産面では品質向上等競争力の強化に取り組んできたこと，流通面ではFTAを画期に，一律のブドウ価格から品質に応じた価格体系を取り入れたこと，消費面では生食用果実で消費者が重視する鮮度・好みの面で国産ブドウが優位に立っていたことなど，様々な取り組みや事情が施設ブドウの生産拡大と価格の維持・上昇をもたらしていた。その限りにおいて，総体的には施設ブドウに対する影響はかなり限定的であったといえる。

　他方，晩柑類やハウスミカンでは，韓米FTAの影響により１kg当たり1,000～1,500ウォンの価格低下が生じているというのが調査農家の見解であった。調査農家の見解が正しいとすれば，この価格低下は晩柑類のなかで生産量が最も多いデコポン及瀬戸香の2011年価格（FTA発効前）に対し16.0～27.6％の下落を意味し，FTA被害補填直接支払いが発動されることになる。だが，実際にはミカンに対し発動していない。その一方で，季節関税で守られておらず，アメリカからのオレンジ輸入の３分の２が集中する３～４月の11年と12年の価格を比較すると，デコポンは14.5％，瀬戸香は25.8％減少しており，調査農家の見解とほぼ一致する。したがって，年間を通した価格変動でみるとFTA被害補填直接支払いが発動されるまでの価格低下ではないが，輸入が集中する特定の時期においては価格の大幅な下落が生じていたということである。しかもデコポンでは出荷量全体の３～４割が，瀬戸香に至っては５～６割が３～４月に集中するため，その影響は大きい。以上の現実を踏まえると，季節関税を採用する品目に対しては年間を通した価格変化ではなく，季節関税で守られている期間と守られていない期間のそれぞれを対

象とした価格動向の把握と，それにもとづくFTA被害補填直接支払いの発動が求められよう。

　牛肉及び豚肉のFTA発効前後における輸入の変化を改めて確認すると，アメリカからの牛肉（2011〜12年）は，輸入量・輸入額ともに各17.6％・21.3％減少していた。豚肉はEU（10〜12年）が輸入量45.2％，輸入額78.6％の増加，チリ（03〜12年）は輸入量が2.4倍に，輸入額は4.1倍に増え，アメリカ（11〜12年）は輸入量・輸入額ともに20.0％・23.9％減少していた。このようにアメリカのみ両者の輸入が減少しているが，これは韓米FTA発効の前後が，口蹄疫の発生による牛肉・豚肉の大量輸入の年と，その反動で輸入が大きく減少した年であったためである。そこで直近5年の平均価格（最高・最低を除く）と比較すると，牛肉は輸入量61.8％，輸入額64.2％増加（10年との比較では12.1％，19.4％）し，同じく豚肉は輸入量・輸入額とも各31.0％・70.3％増加していた。

　韓牛全体の平均価格は，韓米FTA発効後も低い水準にあり，等級別では1＋＋等級のみ相対的に高価格を維持しつつ，1＋等級から2等級は最も価格の低い3等級に向けて後退するという韓牛価格の二極化が進んでいた。こうした事態に対し現場では，人工授精による自家繁殖の強化とその拡大を通じた品質改良に取り組むことで1＋＋等級と1＋等級の比重を高めていくFさんに対し，経営転換を図り韓牛の規模を縮小しミカンに力を入れるGさんなど対応が分かれていた。

　豚肉に関しては，業者がFTAによる関税引き下げの一定程度をマージンとして上乗せするため，輸入豚肉の小売価格は国内価格の7割水準で固定化されているとのことであった。他方，国産豚肉の価格は，2010年と比べると13年には11％低下していた。このことは，業者による輸入豚肉の価格維持がなければ，国内価格はいま以上に下落していた可能性が大きいということを示していた。韓豚協会は，FTAへの対抗として規模の拡大と生産性の向上を図るとし，10〜15年後には4,000戸の農家で1,000万頭を飼養し，MSY（年間母豚1頭当たり出荷頭数）もEUに接近する頭数まで高めるとしていた。

だがその一方で，そこから漏れる飼養頭数1,000頭未満の小規模農家2,000戸は，FTAの発効による安価な輸入豚肉のため廃業を余儀なくされるということであった。

　このように4品目ともに輸入は増えているが，国内生産や国内価格に与える影響は様々であった。特に発効後1～2年の経過で，ミカン，牛肉，豚肉では国内価格の低下がみられ，韓牛価格ではFTA被害補填直接支払いが発動する事態をもたらしていた。これらの関税は，オレンジで7年，豚肉10年，牛肉で15年かけて撤廃するため，今後も輸入量の増加と国内価格の低下が懸念される。

　他方，FTAによる影響がみられるなか，現地調査をした施設ブドウや韓牛農家，韓豚協会に共通したことは，品質の向上や規模の拡大，生産性の向上など競争力強化に力を入れていたということである。FTA戦略に邁進するなか，政府は競争力強化を主要な国内農業対策の1つとして位置付けており，本書で取り上げた廃業支援金や経営移譲直接支払いもそこに含まれていた。FTAへの対応手段としての競争力強化が，主要産地や意欲的な農家，あるいは韓豚協会のような団体にも急速に浸透している。それは，一面ではグローバル化のなかで生き残りをかけた積極的な取り組みであるが，反面ではそこまで踏み込まなければ飲み込まれてしまうほどFTAは大きな存在ともいえよう。そして，実際に韓牛の飼養頭数を縮小したGさんや廃業することになると予想された小規模養豚農家など，FTAに対応できず飲み込まれてしまった，あるいは飲み込まれてしまいそうな農家も存在していた。こうした農家への影響緩和を目的としたのが，FTA対応の直接支払いであった。

（2）FTA対応の直接支払い

　韓国政府は，大きくは2000年代前半からの水田・米を軸とする直接支払いと，2000年代後半からのFTA対応の直接支払いを講じてきた。前者の米所得等補填直接支払いは，年間支給額及び1戸当たり交付金額ともに，他の直接支払いを大きく上回る水準であった。さらに，米はWTOのMAで，FTA

では例外品目扱いとすることで，海外からの影響を遮断するなど，国内・国外両面からサポートしてきた。

　この対極に位置するのがFTA被害補填直接支払いであった。すなわち，FTAによる安価な農産物輸入を前提とした制度であり，年間支給額及び1戸当たり交付金額も米所得等補填直接支払いの数％でしかなかった。その限られたFTA被害補填直接支払いが，FTAによる影響をどの程度カバーしているのかを，韓牛（肥育）を対象に検証した。直近5年の平均価格（最高・最低を除く）及びその90％の基準価格に対する農家の受取額（＝当年価格＋FTA被害補填直接支払いの交付金）の割合は，前者89％，後者98％であった。ただしこれは，韓牛全体の平均的なカバー率を示したものであり，等級別にみると異なっていた。すなわち，直近5年の平均価格及び基準価格ベースでは，1＋等級以上で100％以上のカバー率となり，これらの等級に対してのみFTA被害補填直接支払いが一定の補填機能を果たしていた。逆に，受取額が平均価格・基準価格を下回る1等級以下にFTAの被害が集中していた。カバー率の格差が存在することで，FTA被害補填直接支払いはFTAによる被害を補填するだけではなく，低い等級から高い等級へのステップアップといった競争力強化を促す一面も有していた。

　また，FTA被害補填直接支払いの制度面では，次のような問題を抱えていた。第1に，基準価格が固定される米所得等補填直接支払いとは異なり，FTA被害補填直接支払いの基準価格は直近5年の平均価格により算定されるため，価格の低下に対応することができないことであった。

　第2に，基準価格は平均価格の90％という農家の経営努力以外の，個々の農家では如何ともしがたい部分に相当するため，現行の基準価格と当年価格の差額の90％を補填算定の対象とするのではなく，100％とする必要があった。

　第3に，FTA被害補填直接支払いは，国内生産の増加及び国内消費の減少といった国内要因を除く輸入寄与度分のみの補填であった。だが国内要因のなかには，FTAの影響による他品目からの「玉突き現象」といった間接的な影響も関係していた。このうち生産の一部については畑農業直接支払い

211

が対応するが，1戸当たり交付金額は少額であり品目数も限られるなど，総じて間接的なFTAによる影響は加味されていなかった。

　第4に，FTA被害補填直接支払いは，各国がFTAを発効してから10年間の時限措置であった。本書で取り上げたチリは，2014年で発効後11年目になるためFTA被害補填直接支払いの対象外となる。アメリカのオレンジは季節関税により一部が発効後7年で関税を撤廃し，アメリカ・EUの豚肉は発効後10年，アメリカの牛肉は15年で関税撤廃される。つまり，オレンジは関税撤廃後も3年間対象となるが，豚肉は関税撤廃とともに対象から外れることとなる。アメリカ産牛肉は関税が10％強に下がった段階で，FTAからの被害が補填されなくなる。したがって農家は，対象期間の10年のうちにFTAに対抗可能な競争力のある農業経営をつくるか，規模の縮小もしくは離農を迫られることになる。韓国政府は農業の競争力強化に重点をおいてきたが，FTA被害補填直接支払いにはそうしたメッセージが内包されており，ここからも競争力強化を促す一面をみることができる。

　以上のうち，特に第3及び第4の問題への対応として想定しているのが，農家単位所得安定直接支払いであろう。農家単位所得安定直接支払いは，基準の農業所得（直近5年の平均，最高・最低を除く）と当年の農業所得の差額の85％を補填するというものであった。これまでのように価格ではなく農業所得をベースとするため，FTA被害補填直接支払いで問題とした国内生産の増加や国内消費の減少，FTAによる直接的影響を示す輸入寄与度や間接的な「玉突き現象」，さらにはコストの上昇による所得の減少など様々な要因を包括的にカバーし，補填するねらいがみてとれる。農家単位所得安定直接支払いは，対象品目を広げつつシミュレーションをおこなっているが，個々の農家の農業所得を把握する制度が未整備のため，現段階ではさらなる検討をおこなうにとどめている。

　日本においても生産調整の廃止とともに，収入保険制度の導入を模索する動きがある。農家単位所得安定直接支払いは，収入保険制度と重なる部分も少なくなく，その点も含め農家単位所得安定直接支払いの本格的な分析・考

終章　総括と課題

察については，今後の課題としたい。

4．最新のFTA状況

　第1章の図1-6で記した韓国とFTAを発効もしくは正式署名した国以降では，2013年12月にオーストラリアとのFTAが合意に達している。また経済大国であり，かつこれまでのFTA相手国とは異なり，果実や野菜などの生鮮食品でも競合する可能性の高い中国とのFTAも10回交渉を重ねている。さらに，2013年11月にはTPPへの関心を突如表明するなど，さらなるFTAの締結に突き進もうとしている。
　そこで本節では，韓豪FTAの合意内容，韓中FTAの交渉経過，TPPに対する韓国のねらい，についてみていくことにする。

(1) 韓豪FTA

　韓国は，2009年からオーストラリアとのFTA交渉を開始し，13年12月に合意している。合意後のスケジュールは，一部技術的事案に関する協議と協定文全体の法律検討作業を進めたのち，協定文の仮署名を14年上半期におこない，その後正式署名及び両国での国会批准を経て，15年に発効する予定である。なお，韓国にとってオーストラリアは第7位の貿易相手国であり，オーストラリアの第4位の貿易相手国が韓国である。
　仮署名後に協定文を公開する予定のため，現段階で協定内容に触れるには限界がある。そこで，FTAの交渉担当部署である産業通商資源部が公表した報道参考資料（2013年12月）に依拠して，協定内容に接近する。
　協定文は，商品，原産地規制，貿易の技術的障害（TBT），衛生植物検疫（SPS），貿易規定，投資・サービス，電子商取引，政府調達，知的財産権，協力など全23章で構成される。このうちいくつかの重要分野についてみていくことにする。
　まず，商品貿易における関税譲許を示したのが表終-2である。韓国の品

表終-2 韓豪FTAにおける関税譲許表

(単位:百万ドル,%)

	韓国				オーストラリア			
	品目数	比重	輸入額	比重	品目数	比重	輸入額	比重
即時撤廃	8,940	75.2	11,097	72.4	5,450	90.7	4,248	86.0
3年	1,019	8.6	367	2.4	115	1.9	434	8.8
5年	564	4.7	2,684	17.5	411	6.8	256	5.2
7年	265	2.2	15	0.1	—	—	—	—
8年	—	—	—	—	32	0.5	1	0.0
10年	413	3.5	335	2.2	—	—	—	—
10年超過	492	4.1	804	5.2	—	—	—	—
10年間50%縮減	12	0.1	0	0.0	—	—	—	—
季節関税	5	0.0	3	0.0	—	—	—	—
例外品目/現行関税	171	1.4	26	0.2	—	—	—	—
合計	11,881	100.0	15,331	100.0	6,008	100.0	4,939	100.0

資料:産業通商資源部「報道参考資料」(2013年12月)より作成。
注:即時撤廃品目のうち韓国は1,932品目,オーストラリアは2,780品目が,FTA合意以前からゼロ関税である。

　目数は計11,881品目,輸入金額で153.3億ドルであるのに対し,オーストラリアは6,008品目・49.4億ドルである。したがって韓豪貿易では,オーストラリアが100億ドルの貿易黒字を計上する関係にある。

　韓国の関税譲許をみると,品目数・金額とも全体の約4分の3で関税を即時撤廃し,5年以内及び8年以内では9割前後の品目数・金額で関税撤廃される。ただし,農産物輸出大国とのFTAであるため,韓国サイドは農林水産物に対し例外品目,農産物セーフガード,季節関税,TRQ(関税割当),長期間(10年以上)による関税撤廃など,国内一次産業の被害を最小化するために多様な手法を組み入れている。例外品目には,米や粉ミルク,果実(リンゴ,梨,柿など),大豆,ジャガイモなどがあり,牛肉を含む農林水産物509品目は10年を超える期間を設定することで,国内生産への影響に対応している。特に牛肉(現行関税率40%)は,韓米FTA同様に15年で関税を撤廃するとともに,農産物セーフガードの発動を認めている。また,酪農品のうちチーズ,バター,調製粉ミルクは過去の輸入実績の一部に対しTRQを採用している。なお,農産物セーフガードは,牛肉以外にも精製砂糖やビール麦,麦芽,トウモロコシなどにも認められている。

終章　総括と課題

表終-3　韓国における対豪貿易の上位10品目の現況

(単位：百万ドル，％)

順位	輸出 品目	関税率	金額	比重	順位	輸入 品目	関税率	金額	比重
1	乗用車	5～10	2,114	22.8	1	鉄鋼	2	6,323	27.5
2	軽油	0	1,937	20.9	2	有煙炭	0	5,850	25.5
3	揮発油	0	712	7.7	3	原油	3	2,187	9.5
4	ジェット油及び灯油	0	288	3.1	4	銅管	0	893	3.9
5	自動車部品	0～10	286	3.1	5	家畜肉類	3～72	780	3.4
6	無線通話機	0	224	2.4	6	アルミニウム塊など	0～3	726	3.2
7	貨物自動車	5	197	2.1	7	その他金属鉱物	0～6.5	685	3.0
8	電線	0～10	179	1.9	8	天然ガス	3	613	2.7
9	建設重装備	0～10	179	1.9	9	糖類	3～49.5	536	2.3
10	カラーTV	5	169	1.8	10	無煙炭	0	505	2.2
	小計		6,285	67.8		小計		19,098	83.1
	総計		9,269	100.0		総計		22,978	100.0

資料：産業通商資源部「報道参考資料」（2013年12月）より作成。

　これに対しオーストラリアでは，即時撤廃が品目数・金額とも約9割を占め，韓国よりも15ポイント高い。そして5年以内では品目数で99.5％，8年以内にはすべての品目で関税撤廃される。即時撤廃には韓国の主要な輸出品目が含まれ（**表終-3**），対豪輸出額1位の自動車（現行関税率5％），10位のテレビや冷蔵庫などの家電製品（同），一般機械（同）及び電気機器（大部分が5％）などがある。なかでも自動車関税の即時撤廃は，これまで締結したFTAでもはじめての内容である。また，輸出額5位の自動車部品も3年以内に撤廃することで合意している。

　原産地規制では，自動車，機械など韓国の主な輸出品目に対し，生産工程と原資材の海外輸入の程度など産業別の特性を考慮した基準で合意するとともに，北朝鮮との開城工業団地で生産した製品は，韓国産原産地認定のための域外加工地域条項を導入することで決着している[3]。

　SPSは，両国間のWTO/SPS協定上の権利・義務を再確認し，両国のSPS制度の理解増進と協力方案の議論のためのSPS技術協議会を開催するとしている。

　サービス・投資では，韓国・オーストラリア両国はそれぞれ韓米FTA，米豪FTAと類似の水準でサービス市場を開放すること，投資チャプターでは内国民待遇，最恵国待遇，収用時の補償義務，送金保障などの投資保護規

範を定めること，韓米FTA水準のISDを導入することで合意している。

知的財産権は，WTO知的財産権協定（TRIPS）水準以上の保護をすること，団体標章・証明標章，声・臭い商標の保護を規定するとともに，自作権の保護期間を著者の死後70年に拡大するなど自作権の保護を強化する。

政府調達では，オーストラリアがWTO政府調達協定の非加盟国のため，中央政府だけではなく地方政府と公企業を含む政府調達市場（民間資本事業を含む）を相互に開放するとともに，韓国で取り組む学校給食と中・小企業関連の調達は政府調達の例外としている。

協力では，農林水産業，文化など多様な分野での協力の強化に合意している。特に，食料安全保障との関係で，韓国の海外農業進出法人がオーストラリアで生産した農産物に対して，オーストラリア政府が輸出制限措置をとった場合には，事前協議の義務化及び早期復旧対策の準備など相互の協力体制を構築することで合意している。つまり，ランドラッシュによる食料確保をFTAにより担保しようとする取り組みである。

以上が，現段階で公表されている韓豪FTAの主な内容である。この韓豪FTAによる経済効果予測を，オーストラリア政府がおこない公表している（「ハンギョレ新聞」2013年12月8日）。オーストラリア側からみると，第1に牛肉は，関税がゼロになる2030年以降，毎年6億5,300万ドルの経済効果があること，第2に韓国への農畜産物の輸出が75%増加すること，第3に韓国への輸出額上位10品目に含まれる石炭・鉄鉱石・天然ガス・金などの鉱物資源も10年以内に関税撤廃されることで輸出が17%増えること，第4に製薬品や自動車部品，エンジンなどを中心とする製造業分野の輸出も53%増加すること，第5にオーストラリアの関税撤廃により，韓国の自動車，鉄鋼，繊維，衣類，履物などの輸入が増加し国内産業の競争は激化するが，その影響はオーストラリア全体が受ける韓豪FTAの恩恵で吸収することが可能である，と予測・分析している。他方，韓国政府は，韓豪FTAによる具体的な影響分析をおこなっておらず，国策研究機関である対外経済政策研究院が分析しているとするが，その結果を公表していない。そのため執筆段階では，

韓国サイドからみた韓豪FTAの具体的な影響は不明である。

韓豪FTAは韓米FTAに比べ，例外品目や現行関税率を維持する品目が多く，また10年を超えて関税撤廃する品目も少なくないなど関税譲許では緩やかな水準で合意している。オーストラリアのねらいは，先に締結・発効した韓米FTAと同じ水準で牛肉の関税を撤廃することにより，韓国におけるオーストラリア産牛肉のシェアが低下するのを防ぐことにある。加えて，対韓輸出総額の4分の3近くを占める鉱物・エネルギー資源の関税が10年以内に撤廃されるということも，相対的に緩やかな関税譲許で合意した理由である。

他方，サービス・投資分野の多くは，韓米FTA及び米豪FTAの水準が土台となっている。だが当初オーストラリア政府は，米豪FTAには含まれないが韓米FTAには含まれるISDの導入に反対していた。オーストラリア政府がISDの導入に反対する理由の1つは，オーストラリア国内の多国籍企業が主要輸出分野である鉱物・エネルギー資源の多くに投資しており，これら多国籍企業から提訴される事態が生じることを懸念したためである。そのことは日本が交渉参加し，韓国も関心を表明したTPPにおいても同じである。すなわち，ISDはTPP交渉が難航している分野の1つであり，アメリカ・日本とオーストラリアとの間で対立している。だが，2013年に誕生した保守連合のアボット政権は，前政権のISD反対がFTA交渉の妨げになっていると批判し[4]，ISDの容認に転じている。その結果，韓豪FTAではISDを導入し，オーストラリアにとってはじめてISDを導入したFTAとなっている。そうした実績を踏まえると，TPPにおけるISD導入をめぐる対立構造も終息に向かう可能性がある。

(2) 中国

韓国は，中国とのFTA締結に向け2012年5月から交渉を開始している。この間，韓国が中国とのFTAを急速に進展させるのは，経済面では両国間の経済的結び付きの強まりがある。第1章で述べたように，2012年の貿易全体に占める中国の割合は20.2%，輸出に限定すると24.5%とそのシェアを年々

高めている。もともと貿易依存度が高く貿易に立脚する韓国経済において，すでに貿易が中国という巨大経済市場の国に偏重している構造を転換することは容易ではなく，経済的紐帯をより深める方向に突き進まざるを得ないことは必然的ともいえよう。加えて軍事・安保面では，韓国政府は韓米FTAにより韓米同盟の結び付きを強化したことで，中国への接近に対するアメリカの懸念を払拭しつつ，日本に対しては中国との共闘を図るとともに，北朝鮮については中国を通じて北朝鮮を改革・開放へ向かわしめる，いわゆる「通中通北」によって北朝鮮からの軍事的脅威の緩和・除去を図るというねらいがある。他方，中国にとっては対日共闘に加え，アジア太平洋地域でのプレゼンスを高めようとするアメリカ陣営から韓国を切り崩すことで，中国がアジアの政治，経済，軍事・安保面のイニシアティブをとる枠組みを構築するというねらいがある。

　韓中FTA交渉では，両国における農水産物及び一部製造業分野に対する国内影響を考慮し，2段階方式の交渉を採用している。第7回の交渉（2013年9月）で終了した第1段階では，すべての品目を10年以内に関税撤廃する一般品目，10年以上20年以内に関税撤廃する重要品目，例外品目や部分関税，TRQ，季節関税などの措置をとる超重要品目の3つに区分することが決められ，品目数90％・輸入額85％の水準で関税を撤廃することが合意された。したがって，残りの品目数10％・輸入額15％は，超重要品目に指定することが可能である。韓国がこれまで締結したアメリカやEU，ASEANとのFTAはいずれも95％を超える水準で関税を撤廃することから，韓国では韓中FTAを中間水準の開放度と認識している。

　第2段階は2013年11月の第8回交渉からスタートし，具体的な産業ごとの対象品目について交渉を進めている。14年1月に第9回交渉をおこない，超重要品目を含む全体の譲許案（自国の開放水準）と市場開放要求事項を盛り込んだ譲許要求案（相手国への開放要求）を交換し，韓国は比較劣位にある農畜水産物を，同じく中国は製造業部門を中心に超重要品目に指定している。その他にも韓国サイドは，主要な対中輸出品目がすでに低関税であるため，

サービス・投資分野の市場開放，知的財産権など非関税障壁の緩和を要求している。特に中国のGDPに占めるサービス産業のシェアは4割程度とまだ低いため，今後のシェア拡大を予想し，中国のサービス・投資分野への進出に大きな期待を寄せている。他方中国側は，農産物・軽工業分野の市場開放やSPSの緩和，対中セーフガードの撤廃などを韓国に求めている（「朝鮮日報」2012年5月3日）。だがサービス・投資，原産地規制，SPS，TBTなどについては，互いの主張を確認したのみで第9回交渉は終了している。引き続き14年3月に第10回交渉をおこなったが，大きな進展はみられない。

韓中FTAによる経済影響分析は，対外経済政策研究院がおこなっている（「朝鮮日報」2012年1月10日）。それによるとFTA締結から10年間でGDPは2.3％増加し，特に恩恵を受ける分野では繊維19.8億ドル，石油化学48.7億ドル，鉄鋼5.0億ドル，自動車10.3億ドルの国内生産の増加が見込まれる。これに対し輸入増加額が10年間で100億ドルに達し，被害も主要な輸入分野に集中した結果，国内生産額が農水産業で2.6億ドル減少し，同様に運送設備7.4億ドル，加工食品3.6億ドル，衣類2.1億ドル減少すると予測している。他方，サムスン経済研究所は，韓中FTAによりGDPは2.7％増え，輸出は4.3％，輸入も4.9％増加するのに対し，国内農産物の生産は1.2％低下すると予測している（「朝鮮日報」2012年5月3日）。

（3）TPP参加のねらい

以上の対中関係重視のスタンスから当初韓国は，TPP交渉とは距離をおいてきた。また，FTAの側面からみても，TPP交渉国12カ国のうちアメリカ，チリ，ペルーとはFTAをすでに発効しており，マレーシア・シンガポール・ブルネイ・ベトナムの4カ国とはASEANとしてFTAを発効している。また，オーストラリアとはすでにFTAを合意し，2014年3月にはカナダとも合意に達している。その他のインドネシアとは現在交渉中であり，ニュージーランドとは13年に交渉再開で合意している。残りは交渉をしていないメキシコと，交渉がストップしたままの日本だけである。また巨大経済圏では（図

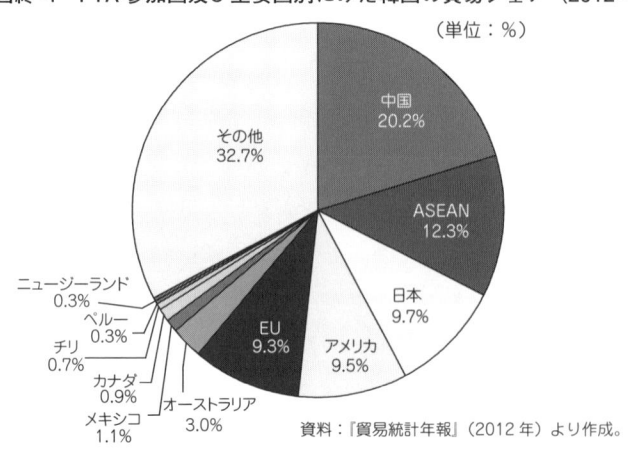

図終-1　FTA参加国及び主要国別にみた韓国の貿易シェア（2012年）

（単位：％）

- 中国 20.2%
- ASEAN 12.3%
- 日本 9.7%
- アメリカ 9.5%
- EU 9.3%
- オーストラリア 3.0%
- メキシコ 1.1%
- カナダ 0.9%
- チリ 0.7%
- ペルー 0.3%
- ニュージーランド 0.3%
- その他 32.7%

資料：『貿易統計年報』（2012年）より作成。

終-1），貿易シェアが１位の中国とはFTAを交渉中であり，２位のASEAN，４位のアメリカ，５位のEUとはすでにFTAを発効している。残るのは３位の日本のみであるが，第１章で触れたように韓国にとっては最大の貿易赤字相手国である。したがって，日本がTPPを事実上の日米FTAと表現するように，韓国にとってTPPは事実上の韓日FTAといえる。

　このように経済的側面からみると，すでに巨大経済圏とのFTAを展開し，TPP参加国の大部分とFTAの発効あるいは交渉をしているなかで，さらにTPPを通じて日本と市場開放しても，追加的な経済効果は限定的であると判断している。また，アメリカが日本に対し「TPPは韓米FTA以上のものにする」と表明したように，韓米FTAを超えた農産物市場や金融・サービス分野での開放を迫られる可能性が高いこともTPPから距離をおく要因である。

　軍事・安保面では，第３章でみたように北朝鮮という現実的脅威を共通する価値（民主主義，市場経済，自由，人権など）にもとづく軍事・安保同盟で抑え込むのが韓米同盟であり，その価値の１つに韓米FTAも含まれる。他方，アメリカ・オバマ政権はそれを継承しながら，覇権の中心をアジア太

平洋地域に移す「太平洋国家」化を提唱し，TPPをその試金石として用いている[5]。その根底には，経済・軍事双方で台頭する中国への警戒がある。したがって軍事・安保面からみたTPPは，アメリカ主導のもとアジア太平洋地域における中国包囲網をつくることにある。だが韓国は，一方で韓米FTAによる韓米同盟の強化を図りつつ，他方で対中関係の深化を理由にTPP交渉から距離をとってきた。

ところが，韓国は2013年11月にTPP参加への関心を表明している。関心表明の理由には，アジア太平洋地域において韓国と競合する製造業部門などで日本のプレゼンスが高まることへの警戒がある。しかし，それ自体は日本がTPP交渉に参加した時点で想定されたことであり，韓国政府もTPP交渉に関する情報収集を以前からおこなっている。むしろ要点は表明した時期である。表明の直前に，中国は韓中で領有権を争う離於島(イオド)を含む防空識別圏を設定している。韓国は中国に対し抗議したが受け入れられず，韓国サイドも防空識別圏を拡大して離於島を組み込んだことで，両国間の領有権問題が再燃している。こうした韓中間の緊張の高まりと，その反動としての韓米同盟の再認識，経済面での中国偏重への懸念，さらには金正恩(キムジョンウン)体制後の北朝鮮の不確実性の深化，北朝鮮に対して中国のコントロールが効かなくなりつつあるなど，韓国の対中依存による外交，軍事・安保，経済の行き詰まりがTPP参加への関心表明の本音といえよう。

韓国は，2014年1月にアメリカ，メキシコ，チリ，ペルー，マレーシア，シンガポールと，2月にはカナダ，オーストラリア，ニュージーランド，ベトナム，ブルネイと，3月に残る日本と予備交渉をおこなっている。このうちオーストラリアは，韓国とのFTAが合意したこともあり積極的歓迎の立場を表明している。

またカナダとは，先述したように14年3月にFTA交渉が妥結された。報道をもとにその概要に触れると[6]，両国とも10年以内の関税撤廃品目の割合が97.5％に達し，韓国は米，粉ミルク，チーズなどの211品目を例外品目としている。韓国が求めるカナダの自動車関税は，現行関税率6.1％を2％

ずつ削減し，発効後3年目に撤廃することで合意している。その他自動車部品（現行関税率6％），冷蔵庫・洗濯機（6〜8％）などの家電製品は，即時あるいは3年以内に関税を撤廃する。逆に，カナダが市場開放を望む韓国の牛肉は，現行関税率40％を15年かけて撤廃する。これは，アメリカやオーストラリアとのFTAと同一の条件である。また，冷凍豚肉は25％の関税を5年かけて撤廃し，冷蔵豚肉（関税22.5％）の関税撤廃は13年としている。韓カナダFTAは，早ければ2014年上半期に仮署名をおこない，その後両国での国会批准を経て，2015年に発効する予定である。

さらに，アメリカはTPPへの韓国の参加は歓迎するが，交渉が最終段階にあるため現時点で新たな国を参加させるのは難しく，交渉が合意したのちの参加を示唆している。それよりもアメリカは，韓国のTPP参加の前に韓米FTAの完全履行が先決であるとのスタンスを示し，原産地表示，金融サービス分野の資料共有，自動車分野の非関税障壁，有機農産物に対する認証といった4つの懸案事項の解決を要求している（「中央日報」2013年12月14日）。これは，韓国が韓米FTA交渉に入る前に4つの問題の解決を要求された4大先決事項と同様の構図である。それらも踏まえ，韓国政府は2014年上半期に，TPPへの参加・不参加の最終決定をする予定である。

（4）小括

このように韓国は，農産物輸出大国であるオーストラリアやカナダとFTAを合意し，農産物の生産時期がほとんど重複し，距離的にも近く価格も安い中国ともFTA交渉が進んでおり，農産物のさらなる海外依存を強めようとしている。その一方で，外交，軍事・安保，経済における偏った対中依存への懸念から，アメリカが主導するTPPにも関心を表明した。韓中FTA及びTPPに関しては，2014年1月に開かれた通商推進委員会で，14年の通商目標として韓中FTA交渉を優先課題にあげるとともに，TPP交渉への参加の可否を検討することで一致している。

韓中FTAやTPPがどのような決着をみせるのか，現時点では見通せない。

また,オーストラリアやカナダとのFTAの詳細な合意内容も,現段階では公表されていない。これらの具体的な交渉及び合意の内容と懸念される国内農業への影響,直接支払いによるカバーの可能性などについては,今後の課題としたい。

注
(1)『貿易統計年報』2011年及び2012年による。
(2)対米輸出が増えた乗用車についても,FTAを結んでいない日本は23.8%増加しており,韓国の19.5%を上回っている。
(3)韓豪FTA発効後,①6ヶ月以内に域外加工地域委員会を設置すること,②1年に2回会議を開催すること,③開城工業団地が域外加工の対象であることを脚注で明示等することにより,韓豪域外加工地域委員会の運営の実効性を向上すること,が決められている。
(4)杉田弘也「オーストラリア総選挙　盛り上がりに欠けた6年ぶりの政権交代」『世界』849号,岩波書店,2013年。
(5)田代洋一『TPP＝アベノミクス農政』(筑波書房,2013年),田代洋一「TPP交渉の行方とその本質」(『月刊　NOSAI』3月号,2014年)。
(6)「朝鮮日報」(2014年3月11日),「東亜日報」(2014年3月12日),「中央日報」(2014年3月12日)。

あとがき

　本書は，この数年間に執筆した論文を土台にまとめたものである。各章の初出は以下のとおりであるが，いずれも大幅に加筆・修正している。

　第1章：「TPPを先取りする米韓FTA」（田代洋一編著『TPP問題の新局面』大月書店，2012年）
　第2章：「FTA推進下における韓国農業・農政の実態」（『佐賀大学経済論集』第44巻第6号，佐賀大学経済学会，2012年）
　第3章：「TPPを先取りする米韓FTA」（田代洋一編著『TPP問題の新局面』大月書店，2012年）
　「米韓FTA発効による地域農業への影響」（『農業・農協問題研究』第52号，農業・農協問題研究所，2013年）
　第4章：「韓EU　FTAの実態とその効果に関する一考察」（『佐賀大学経済論集』第46巻第5号，佐賀大学経済学会，2014年）
　第5章：書き下ろし
　終　章：書き下ろし

　著者が，韓国農村経済研究院（KREI）に研究留学したのは，奇しくも韓米FTAが合意した2007年4月であった。訪韓直後の慌ただしさもあるが，当時を振り返ってみても，賛成・反対を問わず韓米FTAが大々的に取り上げられていた記憶はほとんどない。
　それに対し，2011年11月の韓米FTAの国会批准をめぐっては，与野党間の激しい攻防が繰り広げられた。当時も数日間韓国に滞在していたが，ニュースや新聞報道，清渓川（チョンゲチョン）周辺でのデモなど，2007年とは異なりその関心の高さが際立っていた。
　両者の温度差は，韓米FTAの内容が国民に伝わっていたかどうかに尽きる。

近年のFTA（TPPも含む）では交渉プロセスを公にせず，合意・締結後もすぐには内容を公表しないなど国民不在の秘密交渉が目につく。

　そのような限られた情報アクセスのなかで，訪韓のたびにKREIのキム・テゴン先生には貴重な情報や資料を提供いただくとともに，慶尚北道永川市や大韓韓豚協会でのヒアリング調査のセッティングでも大変お世話になった。また，済州道西帰浦市の調査は，西帰浦市出身で2010年度に佐賀大学に交換留学生として来たイ・ユンジュさんの父親が農協職員であったことから，調査のセッティングと現地での案内に協力いただいた。さらに，KREI内にあるFTA履行支援センターのチョン・ミングク先生には，FTA被害補填直接支払いの仕組みや，今後のFTAによる国内農業への影響などについてご教示いただいた。厚く御礼申し上げたい。

　資料収集及び現地調査の多くは，2011～13年度の科学研究費助成事業・学術研究助成基金助成金・若手研究(B)「韓国の直接支払制度の改編に関する実証研究」（研究代表者）によるものである。

　最後に，本書の出版にあたっては，筑波書房の鶴見治彦社長には大変お世話になった。心から感謝したい。

2014年3月

品川　優

【著者紹介】

品川　優（しながわ　まさる）
　1973年　徳島県生まれ
　横浜国立大学大学院国際社会科学研究科博士課程後期修了・博士（経済学）
　現　在　佐賀大学経済学部准教授
　　　　　また韓国農村経済研究院客員研究員（2007年）

主要著書
『日本農村の主体形成』（共著）筑波書房，2004年
『新たな基本計画と水田農業の展望』（共著）筑波書房，2006年
『条件不利地域農業』筑波書房，2010年
『政権交代と水田農業』（共著）筑波書房，2011年
『TPP問題の新局面』（共著）大月書店，2012年

FTA戦略下の韓国農業

2014年4月24日　第1版第1刷発行

　　　著　者　品川　優
　　　発行者　鶴見治彦
　　　発行所　筑波書房
　　　　　　　東京都新宿区神楽坂2－19 銀鈴会館
　　　　　　　〒162－0825
　　　　　　　電話03（3267）8599
　　　　　　　郵便振替00150－3－39715
　　　　　　　http://www.tsukuba-shobo.co.jp

　　　定価はカバーに表示してあります

印刷／製本　平河工業社
©Masaru Shinagawa 2014 Printed in Japan
ISBN978-4-8119-0441-2 C3033